やっぱり宇宙はすごい

佐々木 亮

SB新書
682

はじめに

最近、宇宙関連のニュースを見ることが多くなっていませんか？　今までは宇宙好きには届くけど、そうでない人にはあまり実感がなかったと思います。ただ、思い返してみてください。生活のなかで、無意識のうちに宇宙の話題を見る機会が増えていると思います。

特に２０２４年は、それを実感しやすい年でした。宇宙航空研究開発機構（ＪＡＸＡ）の月面着陸成功は、世界5カ国目となり、その着陸方法の独創性は世界中から称賛されました。日本の技術力が宇宙開発を大きく前進させた歴史的な瞬間です。着陸の様子はＪＡＸＡのYouTubeチャンネルで生配信され、日本時間では夜中0時を過ぎていたにもかかわらず同時接続約30万人という注目度でした。

加えて、日本でオーロラが見えるという普段ではありえないイベントも起きました。しかも5月と10月の1年間のうちに2度も。このタイミングで、オーロラは太陽フレアの影響で発生していると知った人も多いかもしれません。オーロラは私たちが宇宙のなかの一部であることを実感できる現象だったわけです。

ほかにも肉眼で見えた紫金山・アトラス彗星や日本の未来の宇宙開発の命運を握る新世代国産ロケットであるH3ロケットの打ち上げ成功など、本当に多くの宇宙ニュースが生まれた1年でした。

そこに加えて、宇宙系の作品が世界を魅了しました。『三体』は中国の作家・劉慈欣が2008年に出版したSF小説で、全世界でシリーズ累計2900万部を売り上げた世界的ベストセラーです。2024年2月に文庫化、3月にはNetflix版ドラマが配信され、SF好きにとどまらず大きな注目を集めました。私もこの作品の大ファンです。

詳しい内容はぜひ実際に作品を楽しんでほしいのですが、エリート科学者が異星人の侵略による人類存亡の危機に対峙するというストーリーです。SFとしての完成度の高さももちろんですが、この作品が注目されることになった大きな理由の一つに、作品のなかに当時の科学研究の成果がしっかりと盛り込まれていたということがあります。そして、その中心にあるのが宇宙でした。

天文学者のなかにも『スター・ウォーズ』、『スター・トレック』、『ガンダム』に影響を受けて、宇宙の専門家への道を志したという人が、JAXAにもアメリカ航空宇宙局（NASA）にもいます。こういった歴史に名を残すような宇宙SF作品に並ぶ大作が映像化された2024年は、やはり宇宙を感じられる特別な1年だったのだと思います。

さて、私はこれまで、8年間ほど宇宙の研究に携わってきました。ただの宇宙好きというだけでなく、研究というなんとも不思議な世界にまで手を出してしまったわけです。大学院で宇宙物理学の研究をし、理化学研究所やNASAで研究員として働きながら、博士号を取得しました。その当時から現在まで続いている、インターネットラジオともいえる音声メディア・Podcast（ポッドキャスト）で「佐々木亮の宇宙ばなし」を毎日配信し、最新の天文学の論文や宇宙ビジネスなどのトピックを伝えています。

本書を執筆するきっかけにもなったPodcastで音声配信を始めたのは、単にシャイで映像を通して宇宙について解説することが恥ずかしかったという理由もありますが、NASA研究員時代の経験が大きく影響しています。初めて会う方と仕事の話になったときに、「NASAで宇宙の研究をしている」と言うと、アメリカでは多くの人が、自分が好きな宇宙のトピックを投げかけてきました。

ただ、日本にいるときは全くそんなことはなかったのです。しかし、アメリカと日本でそんなに違うわけがないと思い、発信をすればそんな方々に届くんじゃないかと考えて配信を始めました。ありがたいことに出版社の方に見つけてもらうことができ、そこから発展して今こうしてこの本を執筆するに至っています。

そんなこんなで筆を取ったのが、この『やっぱり宇宙はすごい』です。宇宙は地球の常識ではとうてい考えられないような、ありえないことが次々に起こる空間です。1億光年先から来る光、太陽の327億倍のブラックホール、正体不明の物質……。地球外生命体や地球外文明の存在も実際に研究されています。知れば知るほど改めて感じる「すごい」

を、宇宙にあまり馴染みのない読者の方々にも知ってもらいたいと思い、この本を書きました。

宇宙の本を何冊も読んでいる人にとっても楽しんでいただけるよう、さまざまな宇宙の現象が繋がっていく壮大さや、最新の知見まで多く盛り込んだつもりです。4年間毎日最新の論文をPodcastで発信している私の目線で厳選した、皆さんに楽しんでいただけそうなトピックをご紹介しています。

もう少し詳しくお伝えすると、私の専門は宇宙の研究のなかの、X線天文学という領域です。X線天文学とは、X線、つまり人間の目には見えないレントゲンで使われる光を対象に観測・解析する領域です。その歴史はまだまだ浅く、60年あまりしかありませんが、ブラックホールの存在を実際の観測によって初めて指摘するなど、世界の宇宙開発を牽引する日本、アメリカ、ヨーロッパ諸国、中国、インドが、現在注力しているとても興味深い分野です。

X線で宇宙を探ることで、「熱く激しい」宇宙を見ることができ、これによってこれまで人類が見ることができなかった新たな世界を覗（のぞ）くことができるようになりました。X線で見る宇宙の姿は、ブラックホールや超新星爆発などが激動する世界です。宇宙に魅了された人間にとって、こんなにワクワクすることはありません。X線天文学は、宇宙の起源や誕生の秘密を解き明かす、重要な役割を担っていると言えるでしょう。この領域に興味のある人は、本文でより詳しく書いているので、そちらで楽しんでください。

なかでも、私は恒星フレアを研究していました。恒星については本文中で詳述しますが、簡単に言えば、自ら光を出して輝く天体のことで、夜空に輝く天体のほとんどが恒星です。太陽もその一つです。私は太陽ではありえないような、非常に大きな規模の恒星フレアを、国際宇宙ステーションに搭載されている全天X線監視装置MAXIを用いて研究していました（博士論文のタイトルは「全天X線監視による巨大恒星フレアの観測的研究An X-ray Survey of the Most Energetic Stellar Flares」です）。本書の記述は、約7年間この装置の運用をしてきた私の研究背景から生まれたものです。

本書は、全5章で構成されています。

まずは私の専門である恒星フレアを中心に、そこから超新星爆発など宇宙で起きる巨大爆発から始まり、ブラックホール、ダークマターやダークエネルギーなどの宇宙の物質、生命の起源や地球外生命体、最後に宇宙をめぐる時空間の問題へと続いていきます。各章のあいだに明確な繋がりはあえて設けず、どの章からでも楽しめるようにしていますので、気になるテーマから読んでいただくのがよいと思います。

各章末にはコラムを掲載しています。少し専門性の高い内容ながらも、その章で書かれたことをより深く理解することができるトピックを選びました。さらに巻末の対談では、脳神経科学者の長谷川成人（まさと）先生をお招きし、漫画『宇宙兄弟』にも登場する難病のＡＬＳ（筋萎縮性側索硬化症）についてお話を伺っています。

本書は、私の初めての単著になります。この本を通して、宇宙の面白さと奥深さを知り、世界の見方や普段の生活の感覚が少しでも変わるようなら、著者としてこれ以上嬉しいことはありません。

それでは、宇宙の秘密を探る旅へ出かけましょう。

やっぱり宇宙はすごい◎目次

はじめに　3

第1章　すごい爆発　17

日本でオーロラが見られた理由　18
太陽フレアはどうやってオーロラを作り出すのか　21
太陽の不安定さがフレアを起こす？　23
太陽の表面で起きる黒点の正体　25
浮かび上がった磁力線が繋ぎ変わってフレアが起きる　26
太陽フレアの5段階指標　28
太陽に似た星で起きるスーパーフレアとは　29
太陽フレアの1000万倍!?――「ハイパーフレア」の存在　33
激レアなフレアはどうやって見つけるのか　35
MAXIのデータは世界を動かす　37

宇宙の多様性を生み出す超新星爆発　39
超新星爆発が撒き散らす素材　40
星の寿命はそれぞれ違う　43
1000年前に肉眼で超新星爆発が見えた？　44
私たちが生きられるのは超新星爆発のおかげ　47
超新星爆発をめぐるフェイクニュース　50
コラム　データのオープン化と国境なき天文学の世界　54

第2章 すごいブラックホール

59
ブラックホールとは何だろう　60
ブラックホールと相対性理論　62
ブラックホールの存在を指摘したX線天文学　64
天の川銀河の中心にあるブラックホール　67
いて座A*が見つかるまで　70
100億年の星の旅路　72

ブラックホールの写真をパシャリ。世間の勘違い 74
ジェイムズ・ウェッブ宇宙望遠鏡――ブラックホール研究の最前線 78
巨大ブラックホールの源泉 81
ブラックホール連星と合体 83
予言から100年、時空のさざ波を初検出 85
中途半端なブラックホールは存在しない？ 88
ブラックホールは吸い込むだけじゃない？――噴き出すジェットとは 90
コラム 国立天文台のなかで割れるブラックホール写真の真偽 93

第3章 すごい物質

95
宇宙は元素の工場 96
宇宙での資源採掘はもう始まっている 99
金属は宇宙空間で作られる 101
中性子星合体――重力波研究の衝撃 103
素粒子が宇宙の謎を解くカギ 105

カミオカンデとニュートリノ 107
ミッシングバリオン問題――つじつまが合わないダークな宇宙 110
見えない重力源・ダークマター 113
世界最高峰の望遠鏡でダークマターを追いかける 116
ダークマターが解明されるとき 118
コラム 見えないダークマターに直接触れる？ 120

第4章 すごい生命

123
天文学者が必ず聞かれること 124
地球外生命体を探す研究 126
どうやって地球外生命体を調査するのか 129
地球の生命はほかの星から来た？――最新の望遠鏡がすごい 131
地球外の「文明」を探すプロジェクト 135
地球から交信できる星の数を求める――地球外生命体とドレイク方程式 137
地球外生命体は火星がアツい 141

氷衛星もアツい　144
地球外生命体探査から生命の起源へ　147
コラム　AIは宇宙の謎を解き明かせるか？　151

第5章 すごい時空間　155

光は最強　156
光速に近づくと時間が遅れる　158
ワープ航行のカギを握る謎の物質　160
現実的なワープ航行技術の提案　163
ロケットによる新たな高速移動　166
宇宙では時間の進み方が違う？　168
時間がゆっくり流れたことが証明された　170
そもそも宇宙はどう始まったのか　173
ビッグバンの証拠は偶然見つかった　175
膨張する宇宙はゴム風船に似ている　178

天文学者を魅了する宇宙の果て　182
コラム　アインシュタインの急所
——天才物理学者は何を誤解していたのか　185
特別対談　ありえない病気ではない？——ALSと宇宙　187
あとがき　200
本書のもとになった主な Podcast 放送回　209
参考文献　215

第1章 すごい爆発

日本でオーロラが見られた理由

2024年5月、日本各地の夜空に赤いオーロラが出現したことが大きな話題となりました。その美しさだけでなく、日本でオーロラという〝ありえない〟シチュエーションが、世間の注目を集めたのではないでしょうか。

注目が大きかった一方で、「なぜ見えたのか?」という視点はなかなか注目されていなかった印象です。ましてや、オーロラが宇宙で起きる出来事に大きくかかわっているなんて、ほとんどの人が知らないんです。せっかく、私たちが宇宙の一部であることを実感させてくれる現象だったのに。

オーロラは、一般的には北欧やアラスカ、カナダのイエローナイフなど、緯度が高い地域の上空に緑、青、紫の光のカーテンが見られる現象です。もしオーロラを見たいと思ったら、こういった高緯度の地域への旅行を計画しないと、なかなか見ることはできない代物です。このようにレアな現象だからこそ、人はオーロラに魅了されるのかもしれません。

オーロラが宇宙の影響を受けているとはどういうことなのでしょうか。オーロラ発生の元になっているのは、太陽の表面で起きる爆発「**太陽フレア**」と呼ばれる現象です。言葉自体は聞いたことのある方が多いかもしれませんが、まさか地球の表面での現象が遠い太陽での現象に起因するとは驚かれるかもしれません。

簡単に言えば、オーロラとは、太陽フレアの影響で吹き飛ばされた太陽周辺の物質が、地球にぶつかることで発光する現象です。なので、巨大な爆発が発生するとその分、吹き飛ばされてくる物質も増加しますし、たくさん爆発するとそれだけオーロラ発生の頻度も上がるわけです。

では、2024年に普段は見られるはずのない日本でオーロラが見えたのはなぜでしょうか。何かの異常で、ありえない現象をたまたま目にしただけなのでしょうか。ところが、全くそんなことはなく、むしろ起きても不思議ではないタイミングだったと言ってもいいものでした。その理由は、**太陽が高い活動性の時期だったから**です。

太陽は、活動周期と呼ばれる11年の周期性を持っ

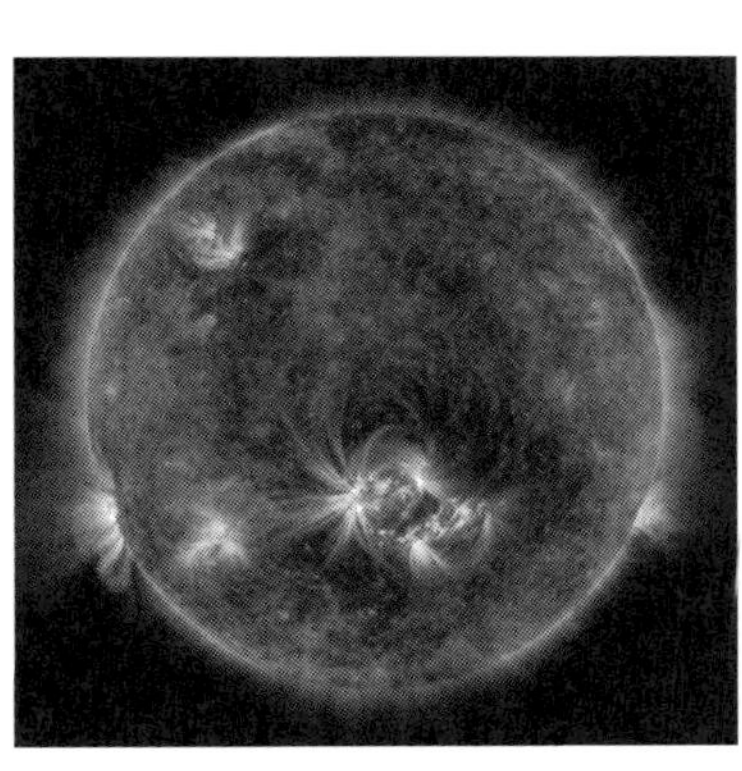

図1-1　太陽フレア　©NASA/GSFC/SDO

ています。11年のあいだに活動的な時期とそうでない時期を繰り返しているのです。この活動性が上がると、太陽フレアは頻繁に発生し、巨大なフレアも発生しやすくなります。

太陽のこの活動性を知るために注目されているのは、太陽表面に現れるほくろのような**「黒点」**です。活動性が高い時期には数多くの黒点が現れ、大きな黒点も発生しやすくなります。中学校の理科の教科書などに載っているので、言葉だけは皆さんもご存じだと思います。

黒点の観測の歴史は古く、17世紀にはあのガリレオが望遠鏡で観測を成功させていたと言われています。太陽のことを語るには、まず黒点ということですね。

ここは実はあまり知られていないのですが、太陽フレアは黒点がある場所で発生します。なので、活動性が高く黒点が増えている時期には大きな太陽フレアが起こりやすく、その影響で発生するオーロラも出現しやすくなるというわけです。

2019年から2030年にかけては「第25活動周期」と呼ばれるサイクルにあたります。そのなかで、2025年が活動のピークであり、2024年はピークが直前に迫る太陽活動が非常に活発な時期でした。だからこそ、大きな太陽フレアが発生し、普段は高緯度の地域でしか見えないオーロラが、日本などでも見られたのです。

このときは世界各地でオーロラが現れ、アメリカ・フロリダでもオーロラが出たことがニュースになりました。普段は寒い地域でしか見られないオーロラが、リゾート地で見られるなんて不思議ですよね。ヤシの木の上にオーロラが広がっているのは、ギャップがあって面白い組み合わせです。

太陽フレアはどうやってオーロラを作り出すのか

太陽フレアがオーロラを作り出しているとはどういうことでしょうか。これを理解するには、地上からの目線では捉えきれないので、視点を宇宙に飛ばしていきましょう。

太陽フレアは文字通り爆発なので、その爆風で太陽の表面にある太陽を構成する物質たちを宇宙空間に放出します。それを「**コロナ質量放出**」と言います。太陽から高温で電気を帯びたガスの塊「**プラズマ**」が宇宙に向かって飛び出していくのです。オーロラが発生するようなときは、爆発による放出物が地球方面に集中して飛んできているタイミングです。

地球は「磁場」と呼ばれる見えないシールドのようなもので守られています。この磁場は、地上でコンパスを利用した時に北と南がわかるあの性質です。理科の授業で磁石の性質を習ったときに、水平に置いた棒磁石に砂鉄を振りかける実験をしませんでしたか？磁石の力で砂鉄がN極とS極のあいだを結ぶ輪っかのような（僕は当時流行っていたゴルゴ松本さんのギャグから、シャネルに見えていました）線を描いていましたよね。

実は地球のバリアだった磁場。この磁場があるおかげで、太陽から飛んでくる粒子や強い放射線から地球は守られているのです。フレア発生時には、この地球の磁場を乱す力が強くなり、太陽から飛んできたプラズマをはじめとする粒子が地球の大気にぶつかるようになり、その結果、オーロラが発生するのです。

オーロラがなぜ光るのかというと、太陽からの粒子が地球の大気にぶつかると、大気に含まれている酸素や窒素の分子がエネルギーを受け取って興奮状態になります。しかし、興奮状態は長くは続かず、元の状態に戻るときに余分なエネルギーを光として放出します。この光が、私たちが見るオーロラです。酸素や窒素がどんなふうに光るかによって、オーロラの色が変わります。酸素が光るときは緑や赤、窒素が光るときは青や紫のオーロラになります。

オーロラが北欧や北極・南極など、緯度の高いところで見える理由は、太陽からの粒子が地球の極地に集まりやすくなるからです。地球の磁場は、地球を囲っているわけではなく北極と南極付近を足場にして広がっています。磁石の周りにできる磁力線と同じです。

太陽から飛ばされてきた物質たちは、電気的な性質を持っているので、この磁場にそって移動して、地球の大気にぶつかります。だから、普段は北欧や北極・南極に近い場所でしか見られないわけです。ただ、特に強い太陽フレアのときには、大気にぶつかるプラズマの量も増え、大規模かつ広範囲で光るようになるので、もっと緯度の低い地域でも見えることがあります。だから、日本でも見えたのです。

太陽の不安定さがフレアを起こす？

オーロラがどのように発生したかがわかったなかで残る疑問は、「太陽フレアはどうやって発生するのか？」ですよね。

太陽フレアは一言で言えば、太陽が持つ磁気エネルギーの解放現象です。いまいちピンとこないかもしれません。実は、太陽にも地球みたいな磁場があります。だけどこれは地球のように、北と南が正確に把握できないぐらい、不安定な磁場です。叶うことはきっとありませんが、太陽の表面に立ってコンパスを持って針の差す方向を目指しても、北には向かえないのです。この不安定性こそが、太陽フレア発生の要因になります。

磁力線は基本的には南北に伸びていますが、自転しているうちにぐにゃぐにゃと曲がっていきます。その理由は、太陽がガスの塊であるからです。太陽は地球と違って固体ではなくガスのため、地上のようなものはありません。ガスの流れによって磁場が安定せず変化し続けます。

特にこの変化を生み出すのは、「差動回転」と呼ばれる現象です。地球ではこの現象は見えないのですが、まずはイメージのために地球を例に取りましょう。地球は24時間で1回転しますが、南極付近と赤道付近では1回転する距離が全然違います。南極のほうが距離が短いため、ゆっくり1周すればいい一方で、赤道付近では、スピーディーに動いていかないと、24時間で1周できません。地球は安定した固体なのでこのスピードの違いに影響を受けにくいですが、ガスのように不安定な太陽だとそうはいきません。

ガスにくっつきながら、磁場はぐにゃぐにゃと曲げられていくことになり、どんどん不安定さを増していきます。不安定になって、溜まったストレスを磁場は抱え込むことになるのです。そのストレスを吐き出すタイミングこそ、太陽フレアです。

太陽の表面で起きる黒点の正体

太陽フレアが発生する場所の足元には、黒点が存在します。黒点の規模が、フレアの規模を決めているとも言えます。では、黒点はどのようにできるのでしょうか。太陽フレアをさらに深く知るには、黒点への理解が不可欠です。

ぐにゃぐにゃとした磁力線は、まるでゴム紐のような性質を持っています。もし手元にゴム紐や輪ゴムがあったらぜひ試してください。ゴム紐を右手と左手で持って、逆方向にねじっていくと、どんどんボヨついてきます。そしてそれを強めていくと、あるタイミングで、ポコっと浮かび上がるような動きをすると思います。これが、黒点の正体です。

実際の太陽で説明します。太陽は緯度によって回転のスピードに差がある差動回転の影響で、赤道付近の磁力線は速いスピードによって回っていきます。その一方で、極付近は短い距離を動くため非常にゆっくりです。何周回分も赤道付近が速く進み、その結果、磁力線はどんどん引き伸ばされていくようになります。

ゴム紐のような性質を持つ磁力線は伸ばされるだけでなくねじれ、不安定さを増していきます。伸びた磁力線がポコッと浮かび上がってきます。表面に浮かび上がって、太陽の表面を突き抜けてきた磁力線の断面が、まさに黒点です。

黒点はねじれて浮き上がってきた磁場の断面なので、その磁場を測定すると、周囲に比べてかなり強力なことがわかります。その磁場の強さは、なんと地球の数千から1万倍です。

ちなみに黒点は、本当に黒いわけではありません。黒く〝見えている〟だけです。理由は、浮かび上がった磁力線の磁力が強く、熱が伝わりにくくなり、周辺よりも温度が1000℃以上低くなるから。周りが熱くて明るすぎるから、相対的に暗く、黒く見えているだけなんですね。

浮かび上がった磁力線が繋ぎ変わってフレアが起きる

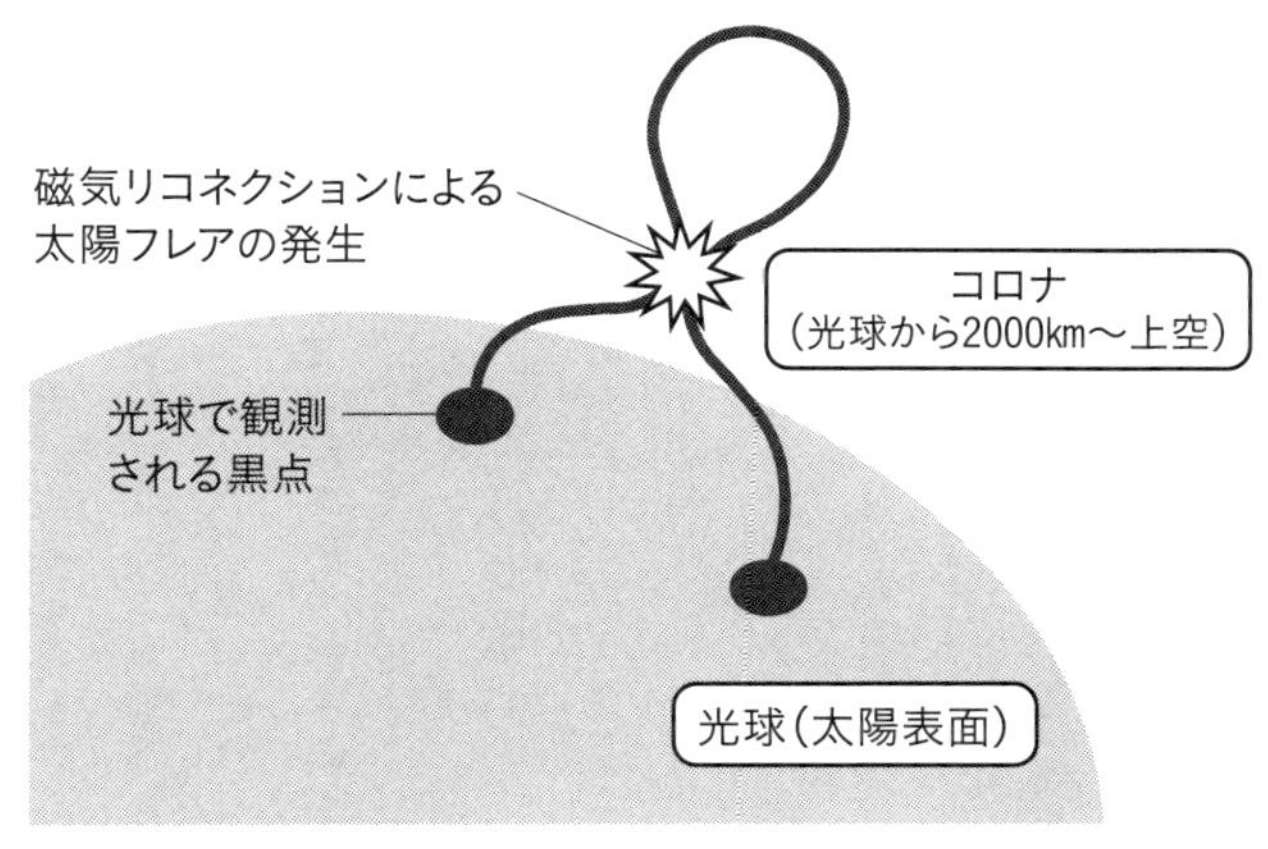

図1-2　太陽フレア発生のメカニズム

磁力線が浮き上がり、黒点が出来上がっただけで、まだフレアは発生していません。この浮き上がった磁力線は不安定な状態なので、なんとか安定した状態に戻ろうとします。そのときに発生するのが太陽フレアです。

浮き上がった磁力線は、上空で行き場を探します。そのとき、近くに〝くっついたら安定した状態に戻れそう〟な場所を見つけると、自分の身体を引きちぎってくっつき始めます。近くに磁石があったら、磁石同士がくっついてしまうようなイメージですね。この結合のことを「**磁気リコネクション**」と呼び、この現象がまさにフレアです（図1－2）。

浮かび上がった磁力線が、その途中で別の磁力線と交わって再結合することがあるのです。この再結合が起きると、たくさんのエネルギーが一気に解放されて、太陽フレアが発生します。まるで、引っ張られていたゴムが急に切れて、パチンコの要領でその力が一気に放出されるようなイメージです。つまり、**太陽フレアとは磁力のエネルギーの解放**なのです。

太陽フレアの5段階指標

２０２４年５月に日本各地で見られたオーロラを引き起こした太陽フレアの足元には、なんと地球30個分の大きさの巨大な黒点がありました。この黒点は大きかったのでしょうか？　このときの太陽フレアはどのくらいの規模だったのでしょうか？

太陽フレアの規模は、小さいほうから順にA、B、C、M、Xの５段階で定められています。フレアが発生すると専門家は「今回はXクラスだったらしい」という会話をしたりします。クラスは、一つ上がるごとに規模が10倍大きくなります。さらに各クラスと一緒に数字がつき、より細かい規模の区分が行われます。「M８・２」「X５・０」といった具合です。

しかしこの規模の決め方にも限界がきています。Xクラスが最大なのかと言われると、11年の周期のうち数回、Xクラスの10倍規模のものが発生する時があります。そのときは、X10・0クラスと呼ぶことになっています。

このクラス分けは、アメリカが打ち上げた**環境監視衛星「GOES」**の観測データによって決められています。GOESはレントゲンなどで利用される放射線の一つであるX線で太陽を観測している人工衛星です。太陽は私たちの目に見える光だけでなく、X線や赤外線などさまざまな光を放出しています。太陽フレアが発生すると、X線の強度が一気に増加するため、それを捉えてクラスを決定しています。この観測データは、GOESのウェブサイトでリアルタイムに公開されているので、太陽フレアの規模を測る世界的な基準となっています。

太陽に似た星で起きるスーパーフレアとは

ところで、フレアを起こすのは太陽だけではありません。太陽で起こるフレアだから、便宜上太陽フレアと呼んでいますが、大きく括(くく)ると「**恒星フレア**」です。宇宙全体を見ると、太陽フレアからは想像できない〝ありえない〟規模のフレアが、ほかの恒星で起きています。

そもそも恒星とは、太陽のように自ら輝く星を指します。そこで起きるフレア全般を恒星フレアと呼びます。宇宙には年齢や存在の仕方が違うさまざまな恒星が存在しますが、恒星フレアの発生メカニズムは太陽フレアと基本的には同じだと考えられています。

恒星には、誕生して間もない若い星、太陽よりもサイズは小さいが活動性が高い星、2つの恒星がお互いの手が届きそうなくらい近いところを回転し合っている連星系などいろいろなものがあります。これらの種類によって、起こるフレアの規模が異なってきます。なかには、太陽の過去最大規模のフレアを、日常的にボコボコと起こしている恒星もあります。

そのなかでも注目されるのは、太陽に似た星で発生する「**スーパーフレア**」です。スーパーフレアとは、太陽でこれまでに観測された過去最大規模のフレアの10倍以上のエネルギーを放出するものを指します。クラスで言うと、だいたいX10・0クラスの10倍以上、つまりX100クラス以上のものを指すイメージです。これらが、太陽に似た星で発生することが、非常に重要です。

このスーパーフレアが世界的に注目されたのには大きな理由があります。それは、「太陽でもそのような爆発が起こりうるか？」という疑問に向き合うことになったからです。このことに注目したのが、京都大学の研究チームです。

京都大学の研究チームは2012年に、太陽で起きた過去最大のフレアの100～1000倍のエネルギーを放出するとてつもなく大きいスーパーフレアを365例も発見しました。しかも、この恒星は太陽に似ている星たちです。こうした太陽に似た恒星のスーパーフレアは、京都大学の発見以前は限られたものでした。それと比較すると、多くのスーパーフレアが発見されたことがわかります。

単純にその発見数の多さに注目が集まったわけではありません。この研究が面白いのは、太陽フレアで見られる規模と頻度の関係が、太陽に似た星で起きる巨大な爆発でも見えたからです。

2024年、頻繁に話題をさらった太陽フレアは、「規模が10倍になったら発生頻度が10分の1になる」という法則を持っています。一言で言えば、**巨大な太陽フレアはなかなか**

起きづらく、小さい規模のフレアは起きやすいということです。実はこの関係は地球で起きる地震でも見られています。マグニチュードが大きくなればなるほど、その発生頻度が小さくなるというイメージです。日本人からすると、非常に直感的な傾向でしょう。

太陽に似た星でのフレアでも、同じ傾向が見えてきました。この傾向は、太陽でも今まで見たことがない10倍、100倍大きい爆発が発生しうる可能性を指摘したことになります。

2024年は太陽フレアに騒がされた1年でした。5月と10月に日本でも東北や北海道を中心にオーロラが見えたり、GPSなどの測位衛星の情報が狂わされたりしました。これらはすべて太陽フレアの影響です。観測史上最大規模のフレアや、それより少し小さいフレアですらその影響度合いです。そこから桁違いに大きいフレアが発生したときの被害規模は恐ろしいです。

その後もスーパーフレアの研究は進んでおり、2021年には太陽の若いバージョンのような星で、フレアに伴って噴出するガス「フィラメント」が観測されました。このスーパーフレアは、太陽フレアが起きるときに出る量の10倍以上の質量で、最低でも数倍のスピードで吹き飛ばします。つまり、太陽フレアの100倍のエネルギーが秒速1000〜4000キロメートルで飛んできます。聞くだけでゾッとするような数字ですね。もしも太陽で起きたら、地球は一瞬で滅びてしまうくらいの規模の爆発です。

太陽に似た星でのスーパーフレアの研究は、太陽との共通点が多く非常に面白い研究です。その一方で、私自身も恒星フレアの研究を進めていました。私の研究テーマは「恒星はどこまで大きなフレアを起こすことができるのか？」という、太陽の延長にとどまらない限界値へのチャレンジでした。

太陽フレアの1000万倍⁉――「ハイパーフレア」の存在

太陽ではもっと大きい爆発が起きるかもしれないという研究が出た一方で、「そもそも恒星フレアはどれだけ大きくなりうるのか」という目線も重要です。極論、太陽で際限なく大きなフレアが発生する可能性があるとなってしまうと、なかなか安心できません。私自身が研究していたのは、まさにそれを解明しようとするものでした。

太陽やそれに似た星に限らず、宇宙にある恒星全体を調査対象としてフレアの探索を行っていました。その結果、過去最大規模の太陽フレアに比べて1000万倍のエネルギーを放出する恒星フレアを発見することに成功しました。この星は、はえ座GT星という4つの星が連動して回っている4重連星でした。はえ座は南半球から見える星座なので、日本人にとってはなかなか馴染みがない星座です。

他にも、さまざまな規模の恒星フレアを発見しており、その数は100をゆうに超え、規模も太陽フレアの1000倍以上のものばかりでした。このような巨大フレア群は、スーパーフレアよりもさらに大きいことから、我々は「**ハイパーフレア**」と呼んでいました。こういったフレアの研究は、私が博士号を取得する研究をしていた中央大学の宇宙物理学研究室で積極的に取り組まれています。

このようなフレア群は、太陽や太陽型星でのスーパーフレアがもつ特徴がそのままスケールアップしたようなものだろうと考えられています。フレアの明るさや、その明るさがどれだけ続くのか、発生するプラズマの規模、エネルギーなど多くの面でその共通性が見られているのです。つまり、太陽フレアの発生メカニズムも、スーパーフレアも、ハイパーフレアも同じメカニズムが働いていると考えられるわけです。

激レアなフレアはどうやって見つけるのか

太陽フレアよりスーパーフレア、スーパーフレアよりハイパーフレアとどんどん規模が大きくなっていくことをお話ししました。そして、フレアは規模が大きくなればなるほど発生頻度が下がっていくことにも触れました。そうなると、なぜ100個以上の巨大フレア群を私がいたチームでは発見できたのでしょうか？

それは、**その発生頻度の低さをカバーできるだけの特性をもつ装置を使ったから**です。この特性は、天文学や科学研究をする上で非常に重要なものなので、どうしても伝えたいポイントです。

たとえば、ハイパーフレア発生頻度が10万年に一度程度だとします。一つの星をずっと見ていたら、ハイパーフレアが起きるまで最長10万年も待たなければなりません。こんな神出鬼没の天体現象、深く調べるのは難しそうです。ただ、幸い宇宙には数多くの星が存在しています。単純計算で10万天体を1年間観測すれば、一つくらい見つかることになります。120万天体見れば月に1個見つけられるという感じです。つまり、宇宙全体を観測し続けられるような装置があれば、希少な現象であっても効率よく発見して、解明して

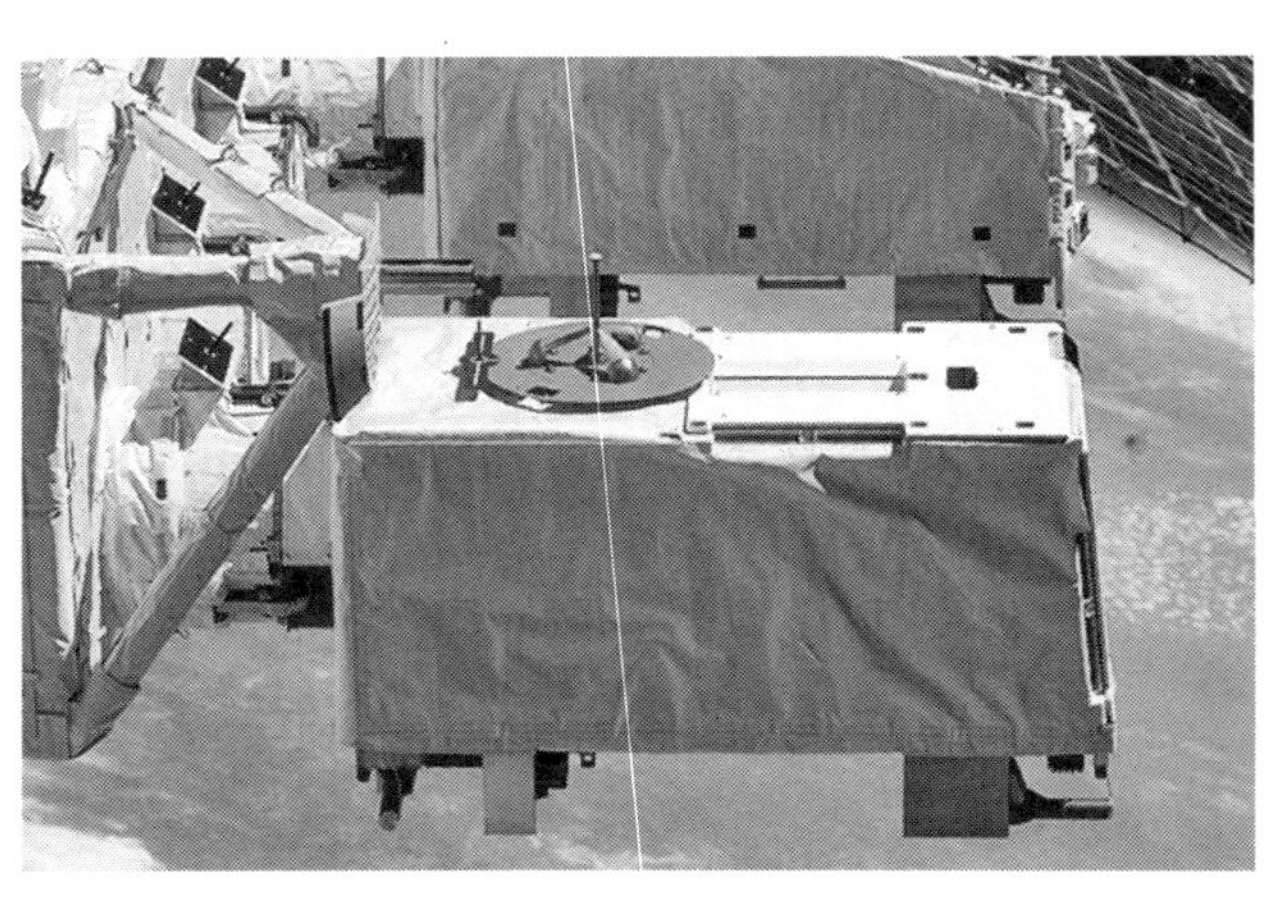

図1-3　全天X線監視装置MAXI　©JAXA

いけるようになるのです。そして、それを持っているのが日本だったんです。

このような観測を可能にしたのが、２００９年から国際宇宙ステーションに搭載されている**全天X線監視装置ＭＡＸＩ**（Monitor of All-sky X-ray Image）です。ＭＡＸＩの特徴は、１８０度に及ぶ広視野な観測装置を搭載していることです。国際宇宙ステーションが地球を１周するたびに宇宙全体の画像を１枚取ることができます。スマホのパノラマ写真モードのようなものです。

国際宇宙ステーションは高度４００キロメートルで地球を周回していて、90分で地球を１周、１日で16周します。つまり、ＭＡＸＩ

は宇宙全体を1日に16回撮影することができることになります。このデータを使えば、**夜空に輝く天体すべてをフレア探査の対象にできる**ということです。これで、非常に発生確率の低いフレアを容易に発見できるようになったのです。

ＭＡＸＩによって発見されたハイパーフレア群は、私たちの生活を脅かす太陽フレアへの理解や、宇宙全体の恒星でフレアが起きうる環境の理解に役立っています。しかし、これだけ大きなフレアを多く発見しても、まだ「どこまで大きなフレアが起きうるのか？」の解明は道半ばなのです。

ＭＡＸＩのデータは世界を動かす

私自身、ＭＡＸＩの運用に２０１５年から２０２０年まで参加しており、恒星フレア研究チームに所属していました。この運用体験は本当に刺激的でした。ＭＡＸＩの運用チームには理化学研究所、宇宙航空研究開発機構（ＪＡＸＡ）を中心に、東京大学、東京工業大学（現・東京科学大学）、京都大学など国内のさまざまな大学が参加していました。私が所属していた中央大学もその一員で、その縁で大学の学部生の頃から運用に参加していました。ＭＡＸＩでは恒星フレアだけでなく、ブラックホール、超新星爆発、中性子星などさまざまな現象を観測できるので、それぞれの専門家が日本中から集まっているようなイメージです。

ＭＡＸＩ運用のデイリーワークは、ＭＡＸＩが取得するデータをモニタリングし、突然宇宙のどこか明るくなった場所を見つけたらそれを即座に分析し、ある天体の変動やもともと何もないところでいきなり輝きが現れるなどの面白い現象を見つけると、速報論文として世界に発信することでした。世界中を見ても、ＭＡＸＩのような、まるで宇宙の監視カメラとも言えるほどの高性能の検出機はありません。非常にレアな現象を捉えやすいため、速報を流すことで、世界中の研究者らはそれをきっかけに自分の興味対象であれば詳細な観測をスタートさせるのです。

ときには、私の執筆した速報論文がきっかけで世界中の研究者が動いたこともありました。国境を意識せずに仕事ができたのは貴重な経験でした。この経験は、私自身が天文学のなかでも観測研究にのめり込んでいく大きなきっかけにもなりました。若い研究者、何なら見習いのような私であっても、分析結果が正しく、論理的な主張であれば世界の誰かが動くというのは当時の私にとっては非常に新鮮な感覚でした。

当たり前のようにＸ線という言葉が出てきましたが、これはレントゲンとかで利用されているあれです。ＭＡＸＩは宇宙から飛んでくるＸ線を検出することに特化しています。私たちの目には見えない放射線を捉えるということです。**Ｘ線を放出する天体や現象は、超高温や超高速なもの**です。温度でいえば1億℃とか、速さで言えば亜光速とかです。恒星フレアは、爆発によって高温のガスを作り出すのでＸ線観測との相性が最高です。

宇宙に対して静かなイメージをもっている人もいるかもしれませんが、Ｘ線で宇宙を見ていた私は宇宙の激しさを日々実感していました。

宇宙の多様性を生み出す超新星爆発

太陽フレアに関する話が続いていましたが、宇宙にはさまざまな爆発があります。ここからは恒星が死に際に起こす大爆発である「**超新星爆発**」を紹介します。英語では「**スーパーノヴァ**」と言います。曲の名前になっていたりするので、もしかしたら英語のほうが馴染みがあるかもしれません。

超新星爆発は、太陽フレアとは比べ物にならないくらいの規模の爆発です。それだけでなく、宇宙の多様性をはみ出しているものすごく重要な天体の一つなのです。宇宙が生まれてすぐには、宇宙には水素とヘリウムしか存在しなかったと言われています。しかし、今私たちの周りには、さまざまな物質が存在しています。特に、私たちの身体を作る炭素や、呼吸に必要な酸素、身の回りの製品に使われる鉄などは重要な物質たちです。加えて、これらの物質は宇宙のあらゆるところで見つかっています。この多様性を生み出すことに一役買っているのが超新星爆発です。

超新星爆発が撒き散らす素材

恒星のもとは、宇宙空間にたくさんある塵(ちり)やガスです。これらがお互いに引き合い、やがて一つの塊を作り上げます。さらに多くのガスが集まって、どんどん大きくなっていくと重力が強まっていきます。すると、その塊の中心部分にどんどん力がかかっていき、ガスに含まれていた水素に火が付くように、恒星を輝かせる核融合が始まります。これが恒星の始まりの瞬間です。

そこから、恒星は核融合を進めていきます。この過程を「**恒星進化**」と呼びます。人間が年齢を重ねていくときは「成長」というのに、恒星は「進化」と表現するのは、核融合によって新しいフェーズに移行していくからなんでしょうか。

ただ、進化するといっても、劇的に変化するわけではありません。じわじわと核融合を進めていきます。そして、なかに含まれる水素をどんどん新しい元素に変化させていきます。

理科の授業で見た、元素の周期表を覚えていますか？「水兵リーベ僕の船……」ってやつです。あの表のせいで化学を一気に嫌いになった人も多いのではないでしょうか。私もその一人なので安心してください。あの表を思い出しながら（思い出すのも嫌かもしれませんが）、星の核融合を知ると、面白いことがわかってきます。

周期表は左から右へ、上から下へ進むほど元素は重くなっていきます。実はあれ、体重で並べられているんです。「水兵リーベ僕の船……」の「水」にあたるのは最も軽い元素である水素です。恒星を作り上げる、宇宙に最も多く存在する元素ですね。そして、その次がヘリウムです。風船とかに入っていて、吸うと声が変わるあれです。

核融合が始まると、**星のなかでは水素と水素が融合します**。2つの粘土の塊をグチャッと合体して1つにするイメージです。そうすると、1段階重い塊になります。これが周期表で水素の次にあるヘリウムです。ヘリウムをどんどん作っていくと、星のなかで次はヘリウムとヘリウムを融合させるときがきます。そして、そこから炭素ができます。私たちの人体を構成しているのは、まさにこの炭素ですね。

核融合というのは、持っている元素を自らの重力の力で融合させ、足し算がされていくようなイメージでより重い元素を作り上げていくものなのです。

そこから酸素、ケイ素などを作り上げて、最後は鉄まで到達します。星のなかの核融合で作られる一番重い元素は鉄で、これ以上重い元素を星のなかで作ることはできません。それ以上重い元素を作り上げようとすると、星が作り出せるような重力のパワーでは実現できないんです。

核融合が終わると、太陽の8倍よりも小さい恒星は重力に潰されてどんどん縮みながら、まるで燃えかすのようにジワーッと光る「**白色矮星**」と呼ばれる星に進化します。一方、太陽の8倍以上の重さを持つ恒星は重力よりも有り余っているエネルギーが強く、これから超新星爆発を起こします。

星の寿命はそれぞれ違う

太陽よりも8倍以上重い恒星は、核融合が終わっても重力に潰されず、超新星爆発を起こします。特に重い恒星が超新星爆発を起こすと、中性子星や後に紹介するブラックホールに進化を遂げます。

進化のゆくえは、恒星として誕生して重さが確定したときから決まっているのです。私たち人間はいくつになっても人生を挽回できますが、恒星は既定路線を歩んでいきます。

けれど、若い頃は活発だというのは、人間も恒星も似ているように思います。人間は若い頃のほうがアクティブで、ときに攻撃的です。若い恒星もよくフレアを起こします。恒星の場合は、年を取るにつれてだんだん大人しくなり、最期は大花火を上げるか、隠居して終わるかのどちらかというわけです。

ちなみに、核融合を起こし続けられる期間は恒星の大きさによって変わります。星は大きくなるほど重力も大きくなり、中心で起きる核融合のスピードが速くなります。ですから、大きい恒星は比較的寿命が短くなります。

逆に小さい恒星は、持っている燃料は少ないですが、省エネで動いているので寿命は長くなります。爆発して爪痕を残していく恒星は短命だというのも、なんだか人間らしく感じられます。

1000年前に肉眼で超新星爆発が見えた？

実は、1000年ほど前、地球でも肉眼で超新星爆発を観測できた記録が残っています。西暦1006年、現在の「おおかみ座」の方向、地球から約7000光年離れた場所で、歴史的に最も明るいとされる超新星爆発が観測されました。これを「SN1006」と呼びます。SN1006はスーパーノヴァ（Supernova）の「S」と「N」、そして年号「1006」を組み合わせた名称で、英語では「エスエヌ・テン・オー・シックス」と読まれることが多いです。

日本でも、この現象を観測した記録が残っています。鎌倉時代に書かれた藤原定家の『明月記（めいげつき）』では、「昼間でも見えるほどの明るい客星（かくせい）」として記されています。発生したのは平安時代なのですが、鎌倉時代に陰陽師が調査したことで明らかになったと言われています。ちなみに、この「客星」という言葉は、天文学において突然現れる新しい星を指す表現であり、現在では超新星爆発やノヴァ（新星）を指す言葉として使われています。定家の記録は、昼間にも星が見えるほど明るかったことを伝えていますが、これは非常に強烈な光を放つスーパーノヴァだったことを示しているのです。

この超新星爆発は、世界各地で記録されており、たとえば中国や中東でも観測されたことが記録に残っています。当時、SN1006の明るさは金星の約3倍にも達したと言われ、夜間だけでなく昼間でも観測できるほどの強い光を放っていたのです。

SN1006の爆発から約1000年が経ち、その残骸は現在でも宇宙望遠鏡を使って観測されています。2023年、JAXAが打ち上げたX線天文衛星「XRISM」は、SN1006の残骸を詳細に捉えることに成功しました。XRISMは、X線を用いてこの残骸を観測し、今もなお秒速5000キロメートルで膨張を続ける巨大なガスの広がりを記録しました。この観測によって、爆発で撒き散らされたさまざまな元素がどのように宇宙に分布しているのか、また超新星の爆風がどのように広がっていくのかを明らかにす

図1-4　超新星残骸SN1006のX線と可視光の合成画像　©JAXA/DSS

る手がかりが得られました。

ＳＮ１００６は、現在では直径65光年にも達する大きな球状の天体へと成長しており、その拡大はまだ終わっていません。この広がりは、超新星爆発によって生じたガスや塵が宇宙に広がっていく様子を示しており、観測を通じて宇宙の進化に重要な役割を果たす元素の誕生と拡散の過程を知ることができます。

ただし、注意が必要なのは、この超新星爆発は、一般的に知られている「大質量星」の一生の終わりに起こる爆発とは異なるタイプだという点です。ＳＮ１００６は「Ｉａ(イチエー)型超新星」と呼ばれる現象で、これは一生の終わりに起こる超新星とは少し仕組みが違います。Ｉａ型超新星は、白色矮星という非常に高密度で小型の星が主役です。白色矮星が近くの伴星(ばんせい)（主に赤色巨星など）から物質を引き寄せ、ある限界を超えると急激な核融合が起こり、大爆発を引き起こします。

このとき、白色矮星は完全に吹き飛びます。この爆発は非常に規則的で、天文学者たちはこのIａ型超新星を「宇宙の標準的なキャンドル」として、宇宙の距離を測るための基準として利用しています。

私たちが生きられるのは超新星爆発のおかげ

宇宙に存在するすべての物質、私たちの身体を含めたあらゆるものは、星々の進化の結果生まれたものです。特に、恒星がその生涯を終えるときに起こる超新星爆発は、私たちが生きるために欠かせない元素を宇宙空間にばら撒いています。

既に述べたように、宇宙が誕生したばかりの頃、存在していた元素は「水素」と「ヘリウム」だけでした。しかし、これらの軽い元素が集まって恒星が誕生すると、恒星内部での核融合反応が始まります。この核融合によって、恒星はエネルギーを生み出し、同時にヘリウムよりも重い「炭素」や「酸素」、さらには「鉄」などの元素を作り出します。ただし、核融合で作り出せるのは「鉄」までで、それ以上に重い元素、たとえば「金」や「プラチナ」といった希少な金属は、超新星爆発や中性子星同士の合体といった極めてエネルギーの高い現象によってのみ生成されます。

超新星爆発が起こると、その強力なエネルギーで恒星内部にある元素が吹き飛ばされ、宇宙空間に散らばります。これにより、鉄よりも重い元素が新たに作られ、それが宇宙に撒き散らされるのです。この現象がなければ、私たちが使う多様な金属、あるいは私たちの身体を構成するカルシウムや酸素なども存在しなかったでしょう。超新星爆発は、宇宙に元素の多様性をもたらし、それが後に惑星や生命の誕生に大きな影響を与えました。

超新星爆発を観測するには、特にX線での観測が重要です。X線は、超新星爆発によって放出された高エネルギーのガスや、そこに含まれる元素の詳細な情報を私たちに教えてくれます。しかし、**X線は地球の大気に吸収されてしまうため、地上から観測することはできません**。そこで、宇宙望遠鏡や人工衛星を使って、大気圏外からX線を観測しています。

X線天文学の歴史は、1950年代から1960年代にかけて、ロケットに観測機器を載せて宇宙へと送り込む試みから始まりました。その後、冷戦時代の宇宙開発競争のなかで、アメリカと旧ソ連が人工衛星を次々と打ち上げ、X線天文学の分野が飛躍的に発展しました。現在では、アメリカ航空宇宙局（NASA）やJAXAが打ち上げた衛星「XRISM」などの高感度な望遠鏡が、超新星爆発の残骸やそこで撒き散らされた元素を詳細に観測しています。

たとえば、超新星爆発によって生まれた元素がどのように広がり、どのくらいの範囲に撒き散らされているのかを知るためには、X線での観測が不可欠です。爆発の広がりの様子から、星が爆発を起こす前の姿まで推測できることもあります。

RCW103という超新星残骸の広がりを約20年にわたってX線でチェックしたところ、広がっていた爆風が何かにぶつかり、その反動で収縮するほうに向きを変えたという結果が得られました。爆発前の星が宇宙空間に残した痕跡に衝撃波が追突したところなんじゃないかと考えられており、爆発前の星の貴重な姿の推測に役立つとされています。これは、恒星がどのようにその最期を迎えているかという進化過程の解明に繋がるのではないか、という期待があります。爆風の反転まではいかずとも、生前の噴出物との衝突現象は有名なティコの超新星残骸などでも見つかっています。

X線天文衛星が収集したデータを解析することで、超新星爆発で生じたガスの膨張速度や、宇宙空間での元素の分布だけでなく、生前の姿を類推することができます。このデータは、私たちがどのようにして今存在しているのか、生命の起源を紐解くための手がかりを提供しています。

超新星爆発をめぐるフェイクニュース

ところで、オリオン座の左肩にあり冬の大三角の一つを担うベテルギウスは、超新星爆発を起こす可能性がある星だと言われています。そんなベテルギウスに2019年11月頃からある異変が起こりました。明るさがこれまでにないほど暗くなったというのです。これをきっかけに、世界中を巻き込む天文業界最大規模のフェイクニュースの浸透が発生したのです。

そもそもベテルギウスは地球から約530光年離れた赤色巨星という非常に大きな星です。その星の重さは太陽の約18倍と言われています。星としての寿命を迎える可能性が指摘されていて、この重さなのでその最期には大規模な超新星爆発を起こすと考えられているわけです。遠い宇宙の天体なので、実際今現在の姿はわからず、私たちには530年前の姿を捉えることしかできません。この今の姿がわからないというもどかしさが、歌詞などに用いられるゆえんです。

そのなかで、大々的に取り上げられたベテルギウスの大減光は、「超新星爆発が起きる前触れだ」と世界中で話題になりました。少なくとも宇宙好きの人たちには届いていたのではないでしょうか。

当時、超新星爆発が起きる予兆はわかっておらず、誰も知らないはずです。

それなのに、一体どうしてこんな話が出回っているのだろう。気になって調べてみました。きっかけはベテルギウスが暗くなっていることを説明した論文に対して、海外の大手メディアが「超新星爆発が起きる可能性がある」と報道したことでした。

すると、その記事は翻訳されて世界中のメディアが取り上げました。日本でもほかのメディアが出した記事を引用して、さらに別のメディアが記事を書くことがありますよね。

それと同じです。このニュースはSNSでも話題になりました。

ベテルギウスの大減光をめぐっては、天文学業界では、宇宙空間に存在する雲が覆いかぶさったことにより光が遮られて起きたという説や、目の前を別の天体が通過したという説などが出ていました。最終的には、塵の塊がベテルギウスの南半球の一部を隠したことと、ベテルギウス自体の明るさの脈動が暗いタイミングであったこと、この両者が重なって起きたと結論付けられました。つまり、地球から見ると暗く見えただけで、ベテルギウス自体は減光していなかったのです。

こういったフェイクニュースの拡散などを学術的に取り扱う学問を「計算社会科学」と言います。計算社会科学とは、大規模な社会データを分析・モデル化して、人間行動や社会現象をデータから理解しようとする学問です。縁あって私は現在、この分野の研究を進めています。過去の研究で、フェイクニュースはSNSなどを通じて「速く遠く」まで拡散することがわかっています。そして、そのような情報は一瞬でバズって収束するわけではなく、長い時間をかけてさらに伝播していくと言われています。実際、このニュースが浸透していく流れをずっと見ていたとき、まさにこのようなスピード感を抱きました。

科学ニュースは論文をベースにしたものから、誰かの書いた記事をベースにした上で解釈が入ったものなど、さまざまです。伝言ゲームのようにその情報はどんどん歪んでいく可能性があります。私自身もPodcastでは必ず論文を参照して話すようにしていますが、自分の声で論文の内容を届けようと思ったのには、こういう現象を目の当たりにしたこともルーツになっているのかもしれません。

コラム　データのオープン化と国境なき天文学の世界

研究において最も重要なものは「再現性」です。特に天文学のような自然科学では、自然の摂理を人間の理解できるルールに沿って解釈していくものなので、ある研究者が出した研究結果は、その研究者のみが出せるものであってはいけないのです。誰がやっても同じ結果にたどり着けることが重要です。そのためには、「データの透明性」が重要な役割を担います。これは、誰もが同じデータを触ることができて、誰もが同じ方法で分析方法を再現できることを指します。私がいたX線天文学の世界では特に、データの透明性が強化されており、各国の大型人工衛星が取得したデータは、NASAやJAXAなどのデータベースに、誰でもインターネットを経由して取得し触れる状態で保管されています。

なので世界中の誰もが、パソコンさえ持っていればデータを分析することができます。しかも、分析技術の足並みを揃えるために、観測データの分析ツールまで用意されています。

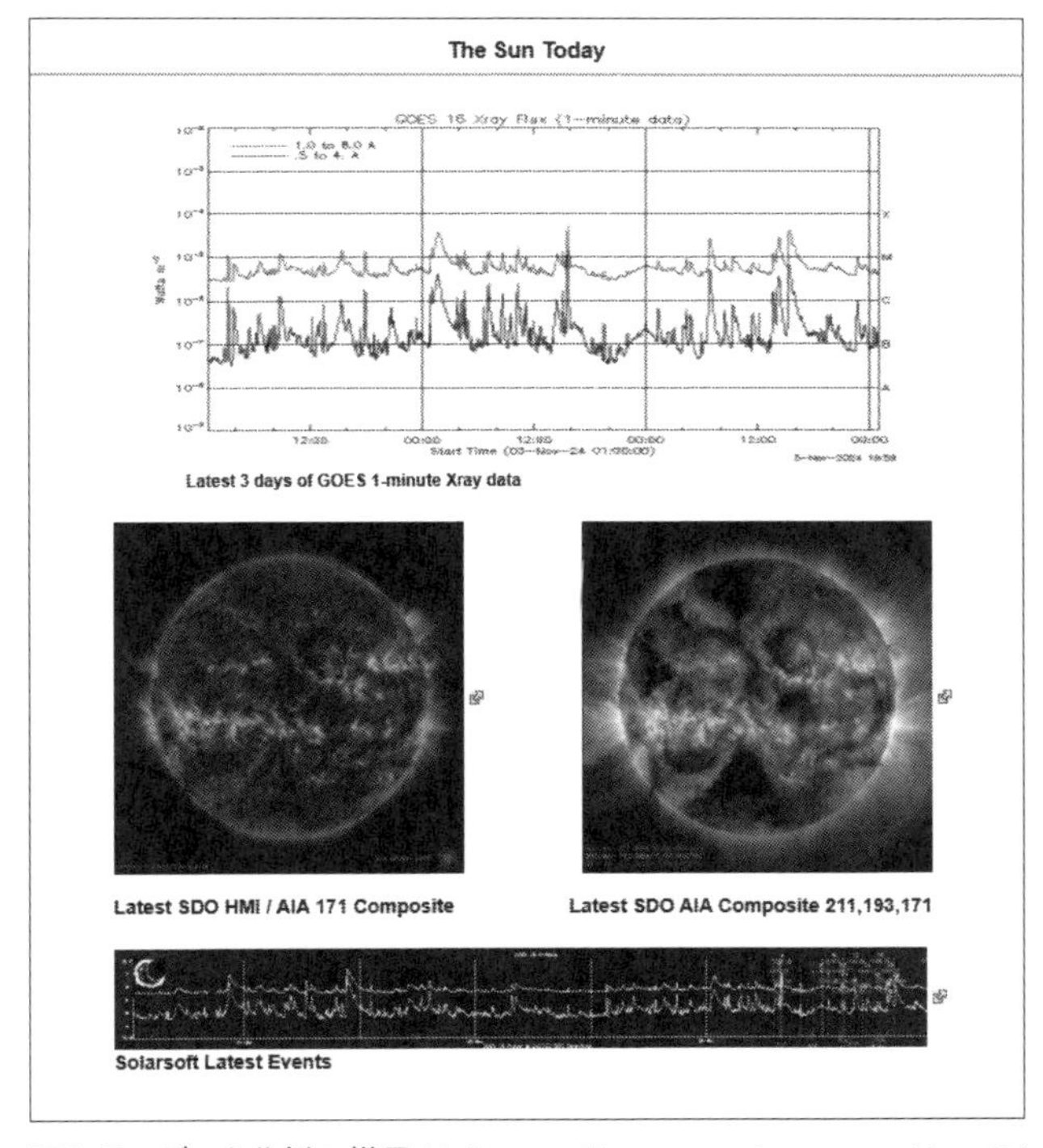

図1-5　データ分析の様子（出典:https://hesperia.gsfc.nasa.gov/rhessi3/data/solar-data-browsing/index.html）

たとえば、宇宙開発後進国でも、大学にパソコンが1台あれば他国が打ち上げた天文衛星のデータを分析できるのです。天文学の研究者は望遠鏡を覗いているイメージがあるかもしれませんが、実際はパソコンで作業をしている人のほうが多いように思います。

私はMAXIのデータ分析を自宅、カフェ、研究室、コワーキングスペース、ホテルなどあらゆるところで行っていました。X線天文学を中心にさまざまな天文学の世界分野では、国境や国籍に関係なく、誰にでもチャンスがある素敵な世界づくりが実現され始めているように思います。

観測データのオープン化は、業界の健全性の維持にも繋がっています。ほかの研究分野では、データが公開されず、誰にも再現できない実験が論文として発表されているケースもあります。天文学業界はデータをオープンにすることで業界の透明化を図っているのです。

常日頃から指導教授に言われていたのは、「論文はレシピ」という言葉です。つまり、その内容と同じ材料を準備すれば再現することができるということです。これを保証できないようなことはするな、とよく言われてきました。この気持ちが業界内で強まっていった結果が、データのオープン化なのかもしれません。

この話を聞いて、「ある程度独占できるデータがないと、研究者たちが卓越した独創的な成果を生み出せないのではないか？」と思った人もいるのではないでしょうか。

オープンになっているデータは、誰かが主導して実施した観測データです。たとえば、日本が持つ大型衛星を使ったある天体の3日間の観測データがあったとします。こういった観測は、どこかの研究者が「この天体を見たらこれだけ面白いことがわかる」と提案書を提出して実現させます。すると、この観測データは一定期間、その提案者に専有権が付与されます。そして、そのなかに面白いデータがあればその提案者は期間内にデータにまとめて論文にするのです。その後データは世界中にオープンなものになり、公共財となっていきます。

このシステムによって、ある程度の独創性が担保された状態で、世界を支えるデータベースが拡張されていきます。一方、紹介したＭＡＸＩの場合は、常に宇宙を監視し続けているので、こういった専有期間が設けられることはなく翌日にはどのデータにもアクセスできるようになっています。そのため、ほかの望遠鏡などで観測されている天体を、ＭＡＸＩではどう見えるのか？　という使われ方もできるようになっています。

ただ、天文学のなかでも業界によって異なることもあるし、研究室独自で打ち上げた人工衛星や天文台のデータなどは専有されていることもあります。あくまで一部ではあるものの、こういった世界が広がっていくことが、健全な研究の発展に繋がっていると考えられるので、これからも拡大していってほしいかぎりです。

第2章
すごいブラックホール

ブラックホールとは何だろう

ブラックホールは、Podcastのリスナーからよく質問が届くテーマの一つです。ブラックホールがタイトルに含まれるエピソードの再生数は伸びやすいので、みんなが興味を持つ天体の一つだと思っています。ブラックホールは直訳すると「黒い穴」。光すらも呑み込むため、黒い穴に見えるというのを端的に表したネーミングです。

しかし、宇宙空間にある日突然ポコッと穴が開くわけではありません。そしてブラックホールは星の一種です。一体どういうことでしょうか？　星なのに、姿が見えないなんてありえるのでしょうか？

ブラックホールの正体は、星の爆発の残骸です。第1章でも紹介したように、太陽の8倍以上の重さの恒星は、死に際に超新星爆発を起こします。そのなかでも太陽の重さの約30倍以上の恒星は、爆発の後にブラックホールに進化します。つまり、ブラックホールは重力が強い恒星のなれの果てなのです。あまりに重力が強いために、近くにある物体やエネルギーは落ちるように吸い込まれてしまいます。

Podcastを更新していると、「ブラックホールって本当にあるんですね」というメッセージが定期的に届きます。メリーさんの電話や口裂け女と並ぶ都市伝説の一つだとか、あるいは宇宙に存在している〝かもしれない〟ものだとか、ブラックホールは世間一般からは漠然と捉えられているようです。だからこそ、多くの方が惹かれるのかもしれません。

余談ですが、1994年生まれの私が初めてブラックホールという言葉に触れたのは、カードゲーム「遊戯王（ゆうぎおう）」でした。遊戯王に登場する「ブラック・ホール」という魔法カードには、フィールド上に存在するすべてのモンスターカードを破壊するという効果があります。私と同世代の人がブラックホールは何もかもを吸い込んでしまうものだと捉えたのは、遊戯王がきっかけという人もいるかもしれません。

カードゲームでなくても、ブラックホールはさまざまなSF作品によく登場します。映画『インターステラー』や『スター・トレック』など有名作品から、マイナー作品まで幅広いです。これだけ取り上げられる理由は、「ブラック」や「ダーク」といった、未だに解明されていない謎を感じさせる名前に魅了されているからでしょうか。実際、光すら出てこられない場所は想像するしかないからこそ、こういった作品に組み込むのにちょうどいいのかもしれません。

ブラックホールと相対性理論

ブラックホールは、ドイツ生まれの物理学者アルベルト・アインシュタインが提唱した一般相対性理論と深いかかわりがあります。

アインシュタインの一般相対性理論は1915年に発表されました。この理論は、重力が単なる「力」ではなく、物質が空間と時間を歪めることによって生じる現象だと説明しました。一般相対性理論によると、大きな質量を持つ天体はその周囲の時空を歪め、これを私たちは重力として感じています。

一般相対性理論が発表された翌年、ドイツの天体物理学者カール・シュバルツシルトがアインシュタインの主張を踏まえてブラックホールの概念を誕生させます。彼はこの理論を用いて、非常に大きな質量を持つ天体が極端に時空を歪めると、ある点を超えると光さえも脱出できないブラックホールと呼ばれる天体が形成される可能性を計算によって示しました。この光すらも抜け出すことができないエリアの境界を「シュバルツシルト半径」と呼びます。この境界の先の世界は、どうなっているんでしょうか。

ここで整理しておきたいのは、天文学のアプローチ方法についてです。天文学の研究は、望遠鏡や人工衛星で収集した天体の観測データの分析を行ったり天体で発生している現象を実験室で再現したりする実験アプローチと、物理学に基づいて天体や宇宙の成り立ちを考察する理論アプローチに分けられます。アインシュタインは後者の理論研究を丹念に行い、計算的な思考によって宇宙の謎を解き明かそうとしました。私は観測機を用いて天体観測をして、そこから示唆を得ることをしていたので、前者でした（並べて書くのもおこがましいですが）。

図2-1　アルベルト・アインシュタイン（1879-1955）

天文学の研究は理論と実験が切磋琢磨するような形で発展してきました。実験屋さんが観測によってこれまで知られていないような現象を発見すれば、理論屋さんがそれを計算式に落として数字によって言語化していきます。逆に理論的に可能性のあるものを理論屋さんが提案し、それを検証するような実験や観測によって現実でありえるのかを検証します。

ブラックホール研究はここで紹介したように

理論的な提案からスタートして、それがさまざまな観測によって明らかになってきている状況です。ここからは観測研究を紹介していきます。

ブラックホールの存在を指摘したX線天文学

ブラックホールの存在が予測されてから50年以上の月日が流れ、ブラックホールは観測によってその存在の可能性が指摘され始めました。随分とあいだが空きましたね。1971年、日本の天文学者である小田稔(みのる)氏が、その発見に大きく貢献しています。

このタイミングで行われた宇宙のX線観測によって、はくちょう座の方向から強烈かつ短時間での激しい変動を持つ天体が発見されました。このような輝き方は、普通の星（恒星）とは異なっていたこともあり、「こんな奇妙な動きはブラックホールなのではないか？」というところから、その存在の指摘に至ったと言われています。

その天体は、はくちょう座の方向にあったので、「はくちょう座X－1」と名付けられました。はくちょう座自体は、夏の大三角を形づくる1等星デネブで有名なので、プラネタリウムの説明などで名前を聞いたことがある人もいるでしょう。ただ、そこに初めて発見されたブラックホールがあるというのは、あまり知られていないかもしれません。

こうして、それまで理論上の存在にすぎなかったブラックホールが、宇宙に実在する可能性が初めて示されたのです。ブラックホールの観測研究の狼煙（のろし）が上がったと同時に、実はX線天文学の未来も切り開かれていったのです。私が研究を進めていたX線天文学の分野は、ここからの系譜であり、小田稔氏はX線天文学の祖と言われています。彼の存在があったからこそ、その弟子からまた弟子へ伝統が受け継がれていき、今もなお日本のX線天文学が世界最高レベルをキープしているのです。

ブラックホールの話に戻りましょう。ところで、ブラックホールは光すらも吸い込んでしまうはずなのに、はくちょう座X－1はなぜ強く輝くことができたのか、疑問に思った人もいるはずです。これは、はくちょう座X－1のそばを巨大な星が回っていて、それが吸い込まれていくことでX線を放っていたからです。

もう少し詳しく見てみましょう。宇宙には大きく二種類のブラックホールが存在します。一つは単体で存在しているもの、もう一つはほかの天体が周囲にいたり対になっているものです。後者が強い光を放って輝きうるブラックホールで、はくちょう座X－1もこのタイプです。

恒星が近くに存在しているブラックホールでは、周囲の物質がブラックホールに落ちていくときに、どんどん吸い込まれるスピードが速くなり、最終的には光速に近い速さに達します。そうすると、そのエネルギーが強すぎてそこからX線が放射されるという仕組みです。まるで、ブラックホールに吸い込まれる星たちの〝断末魔の叫び〟が聞こえているかのようなものです。

このように、ブラックホールを観測すると言っても本当にブラックホール自体を見るわけではなく、その周辺にいる別のものが伝えてくれる「ここにブラックホールがあるよ」というメッセージを受信しているにすぎないのです。

私が運用チームに所属していたMAXIでも、これまでにブラックホールをいくつか発見しています。たとえば「MAXI J1659-152」などがそうです。2010年9月にMAXIが発見したので、冒頭にMAXIの名前が入っています。

第1章で運用チームのデイリーワークが、MAXIが捉えた面白い現象を速報論文として世界に発信することだったという話をしました。ブラックホールもそこに含まれます。

実を言うと、ブラックホールかもしれない星を見つけたときは、嬉しさや喜びよりも先に焦りの気持ちが湧きました。発光時間が、僕が専門にしていた恒星フレアよりも短かいので、少し時間が経つと見えなくなってしまいます。

見つけた光をほかの望遠鏡や衛星で観測すると、より詳細な情報が手に入るので、世界中にいるブラックホールの研究者たちに、いかに速く、有益な情報を共有できるかが重要です。自分がうだうだしているあいだに、ブラックホールの謎を解明する重要な手がかりを逃してしまうかもしれないという感覚に陥ってしまうのです。

天の川銀河の中心にあるブラックホール

私たちが住んでいる地球も、実はブラックホールの周りを回っているのを知っていますか？　地球がある太陽系は、約2000億個の星でできている「**天の川銀河**」と呼ばれる星の集団のなかにあります。その天の川銀河の中心にあるのが、巨大ブラックホール「いて座A*（エースター）」です。このいて座A*は、スーパーマッシヴ・ブラックホール、日本語では超大質量ブラックホールにカテゴライズされる、太陽の400万倍もの重さを誇るブラックホールです。地球から2万7000光年離れた場所にあります。

ネーミングの由来は、12星座のいて座のなかで強く電波(私たちが通信で使っているような光)を発する領域があり、それを当初「いて座A」としていたことからです。そこから観測技術が発達して、同じいて座の領域内にブラックホールが発見され、それが天の川の中心であると考えられるようになりました。ブラックホールとその領域を切り分けるために、スター(*)をつけて差別化をしたという時代の流れがあります。天文学の業界では一般的に呼ばれている名前も、その経緯がわかればとても面白いです。

先に写真が公開されたおとめ座の「M87」銀河の中心にあるブラックホールは、いて座A*よりもずっと遠い、地球から5500万光年離れた場所に存在しています。桁違いの遠方にあるM87のブラックホールのほうが撮影の難易度が高そうに思えるかもしれません。しかし、いて座A*は変動が激しいブラックホールであり、画像処理に時間がかかってしまったため、M87のブラックホールの写真が先に公開される運びになったと言われています。地球もいて座A*がかき集めた星の一つであることを、地球にいながら実感できる現象があります。それは、晴れた日の夜空に現れる天の川です。帯状に見える天の川はいて座A*がかき集めた星たちの姿なのです。

天の川銀河は、フリスビーのような円盤型をしており、地球があるのは円盤の端です。夏に夜空を見上げると、天の川がはっきりと見られるのは、地球の北半球が星が集まっている天の川銀河の中心側、すなわちいて座A*の方向を向いているからです。冬は地球の北半球が天の川銀河の外側を向くので、天の川はうっすらとしか見られなくなります。

図2-2　天の川銀河

©NASA/JPL-Caltech/R. Hurt (SSC/Caltech)

地球がいて座A*の周りを回っているということは、いつか吸い込まれてしまうのではないかと心配になった方もいるかもしれませんね。しかし、私たちが実感するような時間のスケールでその心配はありません。約2億5000万年かけて天の川銀河を回る太陽系は、ゆっくりと宇宙を旅しているようです。

いて座A*が見つかるまで

ある日、Podcastのリスナーからこんなメッセージが届き、ハッとさせられました。「天の川銀河の中心にブラックホールがあるなんて、昔は言われていませんでしたよね」。そもそも天の川銀河の中心にブラックホールがあってその周りを私たちが回っているということは、あまり知られていないので、そのことばかりを紹介していました。しかし、天の川銀河の中心にブラックホールが存在しているという事実を知っている人からすると、こういう感想が生まれてくるのだなとびっくりしました。私みたいな若手は「天文業界では一般的に知られている事実」として理解していましたが、これらがわかり始めたのは実はつい最近のことだったんです。

１９９０年代から２０００年代初頭にかけて、天の川銀河の中心にあるブラックホールの研究が進展しました。ある二つの独立した研究チームによって、その存在が指摘されたのです。一つはドイツの研究チーム、もう一つはアメリカの研究チームで、それぞれ異なる望遠鏡を使って観測を行いました。

まず、ドイツの研究チームは、ヨーロッパ南天天文台（ＥＳＯ）の大型望遠鏡を使って観測を行いました。この望遠鏡は、天の川銀河の中心近くにある星々の動きを追跡しました。観測によると、多くの星々は同じ方向にゆっくりと動いているのに対して、一部の星は不規則な軌道を描いていました。これは、中心にある非常に強い重力源に引っ張られていることを示していることから、その重力源が「ブラックホール」であるという結論が導き出されました。

一方、アメリカの研究チームは、ハワイのマウナケア山にあるケック望遠鏡を使って同じ領域を観測しました。ケック望遠鏡は、天体から飛んでくる赤外線を用いて天体を観測する強力な装置です。このチームは、90個の星を長期間にわたって観測し、そのなかの数個の星がほかの星とは異なる軌道を描いていることを確認しました。その動きも、星々が超巨大ブラックホールの強力な重力によって引き寄せられている可能性を示していたのです。

両チームが得た証拠は、天の川銀河の中心にブラックホールが存在するという主張に繋がります。しかし、この発見に至るまでには多くの課題がありました。特に、観測精度が十分ではない時代には、ブラックホールの存在は理論上の仮説にすぎません。

ところが、人工衛星の打ち上げや、地上に設置された大型望遠鏡の発展によって、観測技術が飛躍的に進歩しました。この技術の進展が、理論として存在が示唆されていた天体や現象を実際に観測することを可能にしたのです。いて座A*は、吸い込まれていくガスの光ではなく、重力に引っ張られて想定外の動きをする星が証拠となって存在が確認されました。この研究には、2020年にノーベル物理学賞が贈られています。

100億年の星の旅路

天の川銀河の中心にあるブラックホールの周辺に、別の銀河で生まれた恒星が紛れ込んでいるという発見が話題を呼んだことがあります。強い重力が働いているブラックホールのそばでは、その激しさから星を作ることができないと考えられているため、近くにある天体たちには注目が集まります。そのなかに、異質な天体があったのです。「S0－6」という恒星です。

この天体の観測に使われたのは、アメリカ・ハワイのマウナケア山に設置されている日本のすばる望遠鏡です。宇宙から届く光を集める鏡は約8メートルもある、世界最大級の望遠鏡です。先ほどお話ししたケック望遠鏡もマウナケア山にあります。マウナケア山は、晴れの日が多く、空気が乾燥していて、天体観測に適した場所なので、大型の望遠鏡が10基以上建設されている世界有数の天体観測スポットなのです。

8年間に及ぶ観測の結果、S0-6の年齢は「100億歳」以上であることがわかりました。太陽は「46億歳」なので、大先輩です。さらに、S0-6は、現在は天の川銀河にありますが、生まれはかつて天の川銀河を周回していた、今はなき別の小さな銀河だという説が提唱されています。S0-6は星が作られる環境が整っていた場所で生まれたものの、いて座A*の重力に引っ張られて取り込まれてしまい、近くまでやってきたのです。100億年の旅の到着地点が、ブラックホールだったというわけです。

ただし、S0-6は、宇宙空間をひとりぼっちでふらふらと彷徨（さまよ）いながら、孤独な旅を続けてきたのか、はたまたほかの星たちと一緒にいて座A*の近くまでやって来たのか、どちらが正解かはわかっていません。

研究チームは、今後さらに詳しくS0-6を調べていく計画を立てており、100億年の旅路が判明すれば、私たちに一番身近なブラックホールの歴史を知る手がかりになるでしょう。地球を理解することも、太陽系を理解することも、すべては私たち人類のルーツ、そして宇宙の成り立ちを明らかにすることに繋がります。この研究は、これらを内包する天の川銀河という大きなシステムの歴史を紐解くこととなり、最終的に宇宙の理解を深めることに繋がるのだと期待しています。

ブラックホールの写真をパシャリ。世間の勘違い

「ブラックホールの写真撮影に成功した」という2019年の大ニュースが記憶に残っている人もいるのではないでしょうか？　まだまだ謎に満ちているブラックホールですが、ここから新たな研究フェーズに突入していき、ブラックホール研究は大きく注目され始めます。

先述したように、初めてブラックホールの写真撮影に成功したと言われているのは、地球から5500万光年離れたおとめ座の「M87」という銀河の中心にあるブラックホールでした。重さは太陽の65億倍と非常に大きなものです。これまでブラックホールは、その距離の遠さからただの点として観測されていました。しかし今回は、ブラックホールを空

間的に広がった天体として捉えられるようになったことが重要なのです。

撮影に成功したのは、アメリカ・ハワイ、チリ、南極などにある8つの電波望遠鏡を連携させて、地球サイズのひとつの望遠鏡として観測を行う国際協力プロジェクト「イベント・ホライズン・テレスコープ（EHT）」です。日本を含む世界各国の200名以上の研究者が参加していました。

そんな巨大プロジェクトの一大発表は、2019年4月に世界同時記者会見でなされ、多くのメディアに取り上げられました。当時は理化学研究所の研究員だった私も、かなりの衝撃を受けたことを覚えていますし、研究所で当時の上司と一緒にこの研究のどこがどうユニークといえるのか、お互いの解釈について議論しました。

その後EHTは電波望遠鏡ネットワークを使ったブラックホールの撮影を続けており、2022年5月には、天の川銀河の中心のブラックホール・いて座A*の写真も公開しました。これも非常にインパクトのあるニュースで、私もすぐにPodcastで取り上げました。

ちなみに、プロジェクトの名前にもなっている「イベントホライズン」とは、日本語で「事象の地平線」とわりとそのままで、ブラックホールの光すらも吸い込まれて出てこられなくなる境界線を示しています。言い換えれば、ブラックホールと外の世界の境目です。

写真を見ると、M87のブラックホールといて座A*は、どちらもドーナツ状の赤い輪っかのような形をしています。ぼんやりとオレンジ色に光って見える部分もあります。

このようなブラックホールの写真を見て、Podcastのリスナーの方から、「ブラックホールはなぜ赤く、輪っかのように見えるのですか?」と質問されたことがありました。しかし、**ブラックホールは赤い輪っかだというイメージは、実は盛大な勘違い**です。

繰り返しになりますが、ブラックホールの姿は私たちの目には見えません。では、このリングは何を表しているのか。それは、このブラックホールの奥や全然違う方向にある星々の光です。

具体的には、宇宙を飛んでいるさまざまな星の光をブラックホールがその巨大な重力のパワーで曲げられ、それが集積された光を見ているようなイメージです。少し違うかもしれませんが、虫眼鏡を使うと光の経路を変えられるようなものでしょうか。その光が円形に見えているので、ブラックホールのふちに輪っかがあるように見えているというわけです。

ちなみに、赤色も勘違いしないでください。わかりやすくするために研究者が付けたものです。別に赤くありません。赤色が選ばれたのは、おそらく一番見やすかったとか、使っている光の種類的に波長が長いから赤っぽくしようとか、そういう理由だと思います。

とにかく本書を読んでいる方に伝えたいのは、ブラックホールの写真撮影に成功したと言いつつも、**実際に撮ったのはブラックホールの周囲の写真**だということです。そして、ブラックホールは赤く輝いているわけではありません。ブラックホール＝赤色、と信じてしまわないように気をつけてください。

余談ですが、ＥＨＴのような装置のデータ量は、果てしなく大きくなります。簡単に数百ギガバイトどころかテラバイト規模にもなります。研究室で、ＥＨＴを構成するような一つの機関と合同で研究を進めていたときがありました。そのとき、据え置き型のＰＣに入れるような2テラバイトほどのハードディスクを送って、そこに入れたデータを物理的な輸送で返送していただいたこともあります。私たちは1箇所ほどでしたが、ＥＨＴの場合は世界中に拠点がありそこでの観測データを統合する必要があります。それらのデータ輸送にも、ハードディスクでの物理輸送があったと聞いています。

光すらも脱出できないブラックホールが実在するという証拠を視覚的に捉え、世界に示すことができたのは、ブラックホール研究において非常に重要なステップでした。子どもの頃に想像していた宇宙の姿がより具体化されて、誰もが見られるようになってきていて、面白い時代が来たなと感じます。

ジェイムズ・ウェッブ宇宙望遠鏡──ブラックホール研究の最前線

宇宙には、天の川銀河の中心をはじめ、超巨大なブラックホールが数多く存在していることがわかっています。ただ、宇宙のどの時代にどのように形成されたのかは未だ明らかになっていません。ブラックホール研究の大きな課題の一つです。

その歴史を探る方法はシンプルで、「遠くの宇宙を見る」です。光年や時間の概念は第5章に譲りますが、一言で言えば、遠い宇宙を見ることは、宇宙の過去を遡ることと同じなのです。よく知られているとおり、宇宙は今から138億年前に起きたビッグバンによって誕生しました。たとえば、130億光年先を見れば、誕生から8億年後の初期の宇宙を見ることができ、未だに多くの謎が残っている宇宙の歴史を知ることができるのです。そんなわけで、宇宙が始まったばかりの時代にできた古いブラックホールを観測することで、巨大なブラックホールの形成の歴史を紐解こうとする取り組みが行われています。

そうなると、なるべく遠くまで、なるべく過去まで見ることができる装置が欲しくなってきます。そこで注目を集めているのが、NASAが2021年12月に打ち上げた**ジェイムズ・ウェッブ宇宙望遠鏡**（JWST）です。JWSTは次世代の宇宙船のようなフォルムをした、とてもクールな宇宙望遠鏡です（図2－3）。金色の六角形の鏡を18枚組み合わせて作る巨大な鏡と観測装置を搭載しています。その目的は「宇宙で最初にできた星＝ファースト・スター」の観測です。宇宙最初の星を見るということは、それだけ遠くを見るために設計されているということです。そのようなJWSTがもつ能力を生かして、遠くのブラックホールの観測も行われました。

JWSTは25年の歳月と当時の日本円で1・2兆円を超える資金を費やしてようやく完成しました。2021年12月に打ち上げられてからは、続々と観測データを地上に届けています。念願のプロジェクトだったわけですが、なかなか完成しないJWSTに対して「宇宙業界のサグラダ・ファミリア」という皮肉な意見もありました。

図2-3　ジェイムズ・ウェッブ宇宙望遠鏡　©NASA

ちなみにＪＷＳＴの組み立てに使われていた建物は、私が働いていたＮＡＳＡのゴダード宇宙飛行センター内の建物の近くにありました。ニュースでＪＷＳＴが取り上げられているのを見かけると、機体が打ち上げに向けて搬出された後に、そのスペースを見学させてもらった経験を思い出します。

そんなＪＷＳＴを使って、巨大ブラックホールの形成の歴史を解明しようとする研究が進んでいます。その研究では、ＪＷＳＴを使ってなんと１２０億〜１３０億光年先、つまり宇宙が始まってから10億〜20億年後の世界の観測が行われました。その結果、10個の古くて巨大なブラックホールを持ちうる天体を発見しました（厳密にはクエーサーといいます）。ある限られた宇宙のエリアを観測する研究だったため、事前の予想では発見は難しいとされていました。しかし予想を超える数が確認されたことで、宇宙初期や遠方宇宙では巨大なブラックホールは珍しい存在ではないということが明らかになりました。

　この結果には、研究者も「最初は何かの間違いかと思いました」と初めてデータを目にしたときの心境を語っていました。ＪＷＳＴは遠くを見る能力に優れている一方で、観測できる範囲が狭いというデメリットもあるので、巨大なブラックホールは1個も見つからないだろうと当初は考えられていました。良い観測データが得られたとき、私みたいな若輩者はワイワイ喜んでしまいますが、これまで私が出会ってきた研究者では、優秀な人物ほどこのようなときに疑いの目を持って接していることが多いように思います。

　なぜ遠方宇宙にこれほどブラックホールがあるのかはわかっていませんが、初期の宇宙で巨大なブラックホールがどのように生まれたかを理解する手がかりになると期待されています。

巨大ブラックホールの源泉

　ＪＷＳＴの観測によって、大質量ブラックホールの種になりうる天体が発見され、大きなインパクトを与えました。それは、133億光年先にある、宇宙が始まってからわずか

4億6000万年後に生まれた5個の「**星団**」です。

星団とは、同じ時期に生まれた恒星の集まりのことです。星団は銀河よりも構成する星の数が少なく、それぞれが同じ時期に生まれた星の集まりです。天の川銀河をはじめ、銀河は数千億個かそれ以上の星でできているのに対して、星団は数十万から数百万個の星という感じです。

星団は私たちの天の川銀河にもあります。有名なのはプレアデス星団でしょう。日本語では「すばる」と呼ばれます。秋から冬に夜空を見上げると、肉眼でも5〜7個の星が集まっているのがわかります。自動車メーカー・スバルの社名の由来であり、エンブレムのモチーフにもなっています。

星団には、若い星がまばらに集まっている散開星団と、比較的生まれてから時間が経った星が球状に密集している球状星団の大きく分けると2種類があります。宇宙の歴史の謎を紐解くために研究者たちが注目しているのは球状星団です。宇宙の初期に生まれたと考えられていますが、いつどこでできたのか、詳しいことはわかっていません。

今回のJWSTの観測によって見つかった5つの星団は、これまでに見つかったもののなかで最も古い星団です。球状星団の祖先である可能性があり、初期の宇宙で球状星団がどのように作られたのかを知る手がかりとなることが期待されています。

これらが天の川銀河の球状星団よりも密度が高いこともわかりました。この発見には、超巨大なブラックホールが生まれる舞台になるのではないかという期待が寄せられています。高密度な星団中の星が進化してブラックホールを作り、それらが近くにいることで高い頻度で合体し、より大質量なブラックホールが誕生するという仮説があります。

他方で、恒星同士の合体が暴走的に起こることで超大質量な恒星が誕生する仮説などが理論の側から提案されています。今回発見された高密度な星団は、まさに超大質量な恒星誕生の舞台となる可能性を秘めているのです。

ブラックホール連星と合体

太陽系には恒星が太陽しかないので、恒星はソロ活動をしているイメージを自ずと持っている人もいるでしょう。しかし、広い宇宙を見渡すと、太陽のような恒星がユニットを組んで動いていることも多くあります。

こうした天体は、連なっている星と書いて、連星と言います。私が博士論文で扱った星のなかには、4個の恒星が連なった4重連星がありました。天文学者にとって、連星は珍しいものではないのです。

ブラックホールのなかにも、連なってお互いに影響を及ぼしながら存在している、ブラックホール連星と呼ばれるものがあります。ヨーロッパ南天天文台の超大型望遠鏡を使った観測により、地球から8900万光年先のみずがめ座の方向にある巨大なブラックホール連星が見つかりました。片方のブラックホールは太陽の1・5億倍、もう片方は6300万倍の重さです。そんな巨大なブラックホールのペアがぐるぐると回っているのです。

このブラックホール連星は、2個の銀河が近づいて合体する過程で生まれたという説が有力です。現在、2個のブラックホールのあいだは1600光年離れています。遠いと感じるかもしれませんが、私たちの天の川銀河の円盤の直径は10万光年ですから、2個のブラックホールは天の川銀河にすっぽりと収まるほどの距離感です。2個のブラックホールはさらに近づいていき、2億~3億年後には合体して、大きな1個のブラックホールになるだろうと推測されています。

星団内での巨大なブラックホールの形成の話でも紹介しましたが、大きくなっていくには合体が必要なのです。一つの星でたどり着ける大きさには限界があるということです。こうしたブラックホールの合体の研究は、ブラックホールの進化、つまり巨大なブラックホールはどうやってできるのかという話にも繋がっていくので、非常に興味深いです。そして、この現象は世界の注目を集めるある研究に繋がっていきます。すなわち、重力波の研究です。

予言から100年、時空のさざ波を初検出

ブラックホール研究の歴史は、アインシュタインの研究から100年経った今も、彼の理論予測の上を走っています。そのなかで巨大ブラックホールを作り出すようなブラックホールの合体までもが明らかになりつつあるのです。そして、それが2015年に観測に成功して世界中を驚かせた重力波研究に繋がっていきます。

巨大なブラックホールを作り出すには、ブラックホールの合体がポイントだとお話ししました。実際に宇宙では、ブラックホールが合体する事象が発生しています。ただそのと

きに単純な足し算ではない、ちょっと不思議な現象が見えてきます。

たとえば、太陽の20倍の重さを持つ2個のブラックホールが合体すると考えてください。単純な足し算をすると、太陽の40倍の重さのブラックホールができそうです。しかし、ブラックホールの一部がエネルギーとして放出され、その分の重さが失われるので、実際は40倍よりも軽いブラックホールができます。ここで放出されるエネルギーとは何なのでしょうか？

これこそ、2017年のノーベル物理学賞を受賞した研究である**重力波**です。重力波はブラックホール同士の合体や、中性子星というその直径が10～20キロメートル程度（山手線にすっぽり収まる大きさ）でありながら、重さが太陽程度ある天体同士の合体、あるいはブラックホールと中性子星が合体したときのような、非常に重くてコンパクトな天体の周りであれば検出できると言われています。時空の歪みが波として伝わるので、重力波は「時空のさざ波」という二つ名も持っています。

いろいろなところで、「重力波はブラックホールや中性子星の合体で出るもの」と表現されることがあるかもしれませんが、実際はどんな天体も重力波を出します。私たちも出すので、久しぶりの再会でハグでもしたものなら、一瞬で60キログラムの人間が1箇所に集約されるので、理論上、重力波が出ます。ただ、これは単なる思考実験のようなものなので、実際はこのような場面で重力波が検出されることは現実的ではありません。そのため、ブラックホールや中性子星に限定して表現されてもいいでしょう。

時空の歪みは、お皿に貼ったラップを思い浮かべるとイメージしやすいです。ラップの上に何か重たいものを載せると、その部分が深く沈みます。逆に軽いものなら、ほとんど沈みません。ブラックホールは重たいので、お皿に貼ったラップが沈むように、重力で周りの空間を歪ませています。そんなブラックホールがアクティブに動き出すと、時空のさざ波である重力波を起こすのです。

この重力波の存在は、前述したアインシュタインの一般相対性理論ですでに予言されていました。しかし、実際に観測することに成功したのは、アインシュタインの予言から約100年が経った2015年9月のことです。

このときに検出された重力波は、太陽の36倍の重さのブラックホールと29倍の重さのブラックホールの連星が合体する瞬間に起きたものでした。このとき放出された重力波は、太陽質量の3倍分のエネルギーだったと言われています。2017年、重力波の初検出に貢献した3人の研究者にはノーベル物理学賞が贈られています。

重力波の初検出は、重力波天文学という新しい学問が幕を開けた瞬間でした。初めて検出された2015年以来、観測の精度はさらに向上し、これまでに100件以上の重力波が続々と検出されています。

重力波の特徴は、遠くにも波が弱まることなく伝わることです。どんなに遠いところへも、遮られることなく、発生したときと同じ波がそのまま届くので、**重力波を通じて宇宙の果てを見られる可能性がある**とされています。重力波天文学の発展は、宇宙を探索する新しい方法の登場だと言えるでしょう。

中途半端なブラックホールは存在しない？

ここまで巨大ブラックホールになるまでの道のりを軸に、さまざまな角度から研究を紹介してきました。しかし、宇宙にはさまざまな大きさのブラックホールがあります。頻繁に見つかるものは太陽の数倍程度の重さの比較的軽いもので、恒星質量ブラックホールと呼ばれるのに対して、ここまで扱ってきたは超大質量ブラックホールと呼ばれます。しかし、そのあいだにあたる、太陽の数十から数百、数千倍の重さの中間質量ブラックホールは、どういうわけか本書執筆時点（2024年10月時点）では数えるほどしか見つかっていません。

なぜ中間質量ブラックホールに注目するべきなのかというと、ここまで紹介してきたように、巨大なブラックホールになる前にはこのような中間の状態を経由するはずだからです。巨大なブラックホールがいくつも見つかっているということは、それを作り出す中程度のものもあっていいはずなのに、なぜかなかなか見つからないのです。

超大質量ブラックホールが作られるときに中間質量ブラックホールがすべて吞み込まれてしまっているのか。そんな仮説は立てられていますが、未だに解明はされていません。中間質量ブラックホールがほとんど見つからない理由がわかれば、ブラックホールの進化の謎を紐解くカギになると信じられています。

ブラックホールは吸い込むだけじゃない？——噴き出すジェットとは

なんでも吸い込んでしまうブラックホール。実は吸い込んでばかりいるわけではなく、物質を吸い込まずに勢いよく外に噴き出してもいます。天体から物質が勢いよく噴き出す現象を「**ジェット**」と呼びます。特に、ブラックホールが起こす、光速に近い速さのジェットは「相対論的ジェット」と呼ばれます。

2023年、アメリカ・ハワイにあるジェミニ望遠鏡によって、あるブラックホールが1年間に太陽25個分もの物質をジェットとして放出していることが観測されました。このジェットの速度は非常に速く、上方向は秒速170キロメートル、下方向は秒速650キロメートルにも達しています。秒速650キロメートルというのは、東京から四国までわずか1秒で到達できるほどの驚異的な速さです。

ブラックホールがジェットを噴き出す仕組みについては、まだ完全には解明されていませんが、降着（こうちゃく）円盤という構造が大きな役割を果たしていることがわかっています。降着円盤とは、ブラックホールの周りを回るガスや塵が集まった円盤状の構造で、ブラックホールに引き込まれる際に大きなエネルギーを持ちます。このエネルギーの一部がジェットと

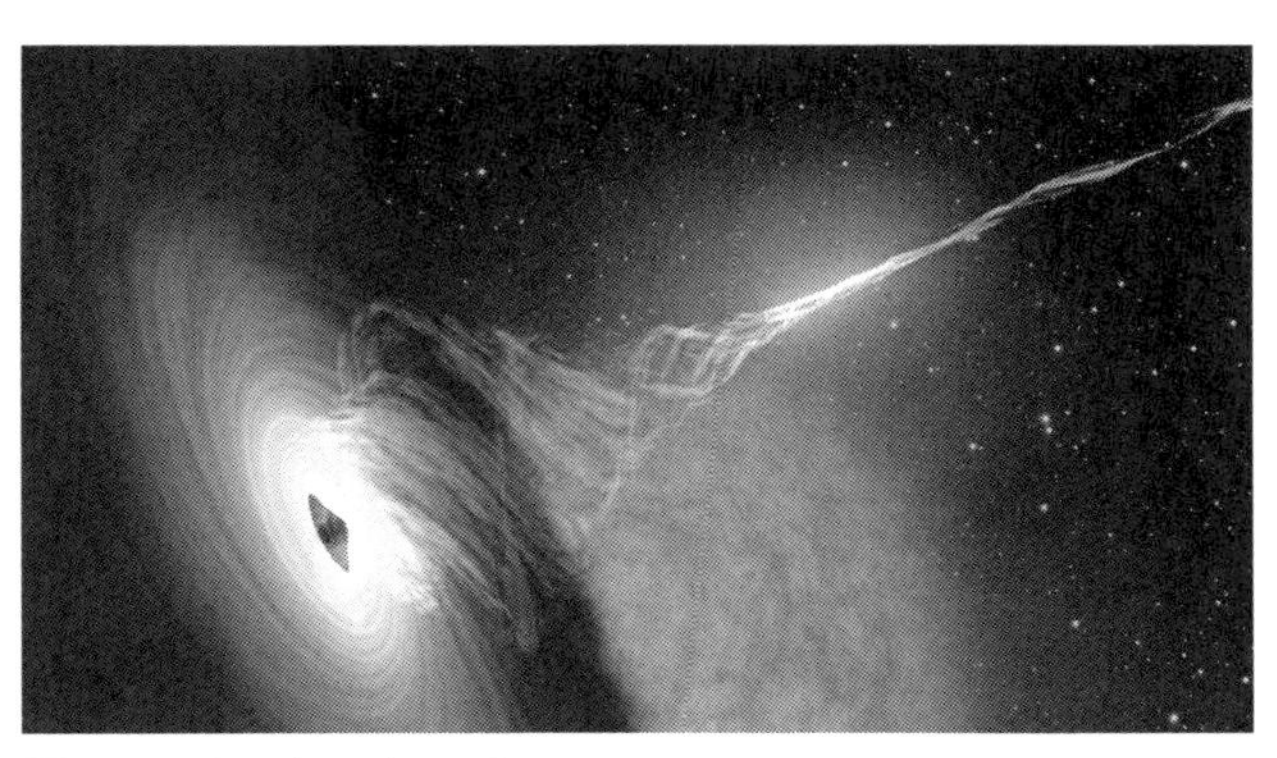

図2-4　ジェットのイメージ　©NASA/JPL-Caltech

して放出されるのです。しかし、なぜ一部の物質がブラックホールに吸い込まれ、ほかの物質がジェットとして吐き出されるのかは、今も謎のままです。

ブラックホール、ジェット、そして降着円盤は、ブラックホールを理解するための「三種の神器」と呼ばれています。この3つの要素がどのように相互作用しているかを理解することで、ブラックホールの活動や性質について多くのことが解明されるでしょう。

この分野で最近大きな進展があったのは、2023年4月、日本の研究者を含む国際チームが行った観測です。彼らは「グローバルミリ波VLBI観測網」と呼ばれるネットワークを使って、おとめ座にある「M87」銀河の中心にある超大質量ブラックホールを観測しました。これにより、ブラックホールの降着円盤と、そこから放出されるジェットの同時撮影に成功しました。これは非常に画期的な成果で、ブラックホール研究における新たな一歩となりました。

「グローバルミリ波ＶＬＢＩ観測網」は、複数の電波望遠鏡を連携させて一つの大きな望遠鏡として機能させる手法です。これにより、広い視野でブラックホール周辺の詳細な観測が可能になりました。これまで、ブラックホールの周りで起きているジェットの活動は断片的にしか観測できませんでしたが、この観測により、ジェットがどのように形成され、ブラックホールから放出されるのかの理解がさらに深まりました。

この成果は、ブラックホール研究の歴史において重要な位置を占めるものであり、ジェットの正体に一歩近づいたと言えるでしょう。これまでブラックホールは「吸い込むだけ」と考えられていましたが、実際には物質を吐き出すジェットの存在があり、その動態が宇宙の進化にどのような影響を与えているのかが、今後の研究によって明らかにされていくでしょう。

コラム　国立天文台のなかで割れるブラックホール写真の真偽

２０１９年、国際的な研究プロジェクト「イベント・ホライズン・テレスコープ（ＥＨＴ）」によって、ブラックホールの写真が世界で初めて撮影されました（第２章トビラ写真）。この歴史的な瞬間に、国立天文台も中心的な役割を果たしました。

しかし、２０２２年６月、その画像の真偽に関する異論がまとまった論文が同じ国立天文台のなかから出てきました。この論文には、ＥＨＴによるブラックホールの写真が、望遠鏡の特性が反映された「間違った」像である可能性の指摘が盛り込まれていたのです。同じ国立天文台の研究者がＥＨＴのブラックホールの画像に異議を唱えているという事実は、科学研究の世界の興味深い側面だと思います。

さらに注目したいポイントは、国立天文台が公式のプレスリリースで、ＥＨＴによる発見とこの異論の両方を公平に取り上げている点です。科学の世界では、一つの研究結果が発表された際、それに対する反論や別の視点からの検証が行われるのは自然なことであり、むしろ科学研究の健全性を担保する上で非常に重要です。両方の主張は、現状ではどちらも科学的に受け入れられる範囲内にあるとされており、どちらか片方が無視されてよいものではありません。

　これだけ大きなプロジェクトが世界レベルで動いているなかで、同じ研究機関からこのような主張を出そうとしたら、もみ消されたり圧力がかけられたりするのではないかと思うかもしれません。しかしそのような政治が働くことなく、国立天文台が両者の主張を尊重している点は、多くの人に知ってほしいポイントだと思っています。

　この姿勢は、科学全体の信頼性を高めている動きだとも言えます。この公平性こそが科学の強みではないでしょうか。

第3章
すごい物質

宇宙は元素の工場

私たちの日々の生活は、太陽から届くエネルギーに支えられて成り立っています。では、これらがどのように作り出されているのか、考えたことはありますか？

「爆発」をキーワードにさまざまな天文現象を紹介した第1章のおさらいになりますが、太陽をはじめ、自ら光を発している恒星は、内部で核融合が起きています。核融合が引き起こすエネルギーによって、星が輝くエネルギーが生み出されています。

核融合とは、星の重力で元素同士をくっつけて融合させ、より重い元素に変える反応のことです。太陽では、主に水素の核融合が行われており、水素を合体させてヘリウムを作り出しています。

私たちの身の回りにあるすべての物質は、「原子」と呼ばれる小さな粒でできています。原子の内部を見てみると、中心に「原子核」があり、原子核の周りをマイナスの電気を帯びた「電子」が回っています。原子核は、プラスの電荷を帯びた「陽子」と、電荷を持たない「中性子」から構成されています。通常、原子のなかでは、陽子の数と電荷の数が等しいため、全体として電気的に中性です。また、原子の質量の大部分は、陽子と中性子に

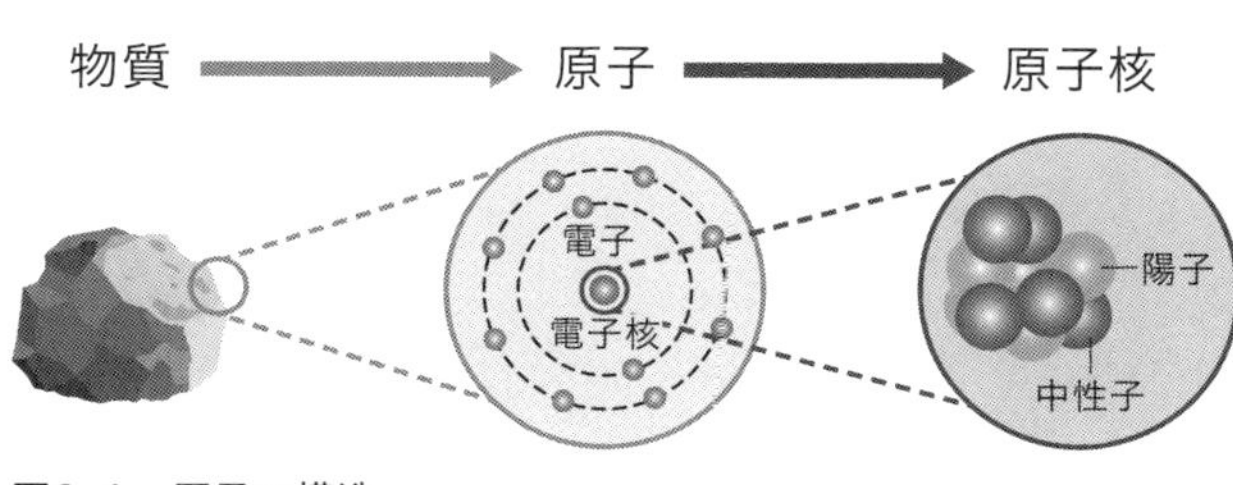

図3-1　原子の構造

よって決まります。電子は非常に軽いため、原子の質量にはほとんど寄与しません。

原子とよく混同されるのが「元素」という概念です。元素とは、特定の種類の原子のことを指します。たとえば、二酸化炭素（CO_2）は、一つの炭素（C）原子と2つの酸素（O）原子から構成されています。つまり、二酸化炭素は2種類の元素、炭素と酸素からできています。

皆さんがよく知っている元素の周期表は、「水兵リーベ僕の船……」という覚え方で知られている通り、水素（H）から始まり、現在は118種類の元素が並んでいます。この並び方は、原子に含まれる陽子の数、つまり原子番号に基づいています。たとえば、周期表の最初に登場する水素は陽子が一つ、次に登場するヘリウム（He）は陽子が2つ、そして周期表の26番目に位置する鉄（Fe）は陽子が26個あります。周期表で右へ、そして下に進むほど、元素は重くなりますが、これは陽子と中性子の数が増えるためです。

太陽で起きている核融合は、非常に重要なプロセスです。これは、軽い元素である水素が融合して、より重いヘリウムへと変化する現象です。具体的には、太陽の中心部で水素の原子核（陽子）が高温高圧の条件下で融合し、新しいヘリウム原子核を作ります。ヘリウム原子核は二つの陽子と二つの中性子で構成され、融合によって大量のエネルギーが放出されます。太陽の約91％は水素でできており、約9％はヘリウムです。それ以外の元素、つまり炭素や酸素などの〝重い元素〟は、太陽全体の0・1％ほどにすぎません。

このように、核融合は太陽のような恒星の内部で進行していますが、太陽よりもさらに重い恒星では、水素やヘリウムよりも重い元素同士が融合して、酸素や炭素、鉄などのさらに重い元素を作り出すことができます。つまり、**恒星はまさに私たちの身の回りにある元素を作り出す「工場」**なのです。

私自身、高校生から大学生の頃までを通して、化学が大の苦手でした。周期表を覚えて何になるのか、見えないくらい小さい世界の構造を知ってどうなるのか、本気で「なぜ学ぶ必要があるのか？」と思っていました。

しかし、その感覚は宇宙を学び始めてひっくり返りました。化学を勉強することこそが、この自然界を理解する上で非常に重要であるとわかったのです。このとき初めて、もっと真面目に化学を勉強しておけばよかったと思いましたし、そこから思いっきり勉強し直しました。この章を通じて、皆さんにもその感覚を摑んでいただけたら嬉しいです。

宇宙での資源採掘はもう始まっている

地球から1500光年先にある恒星「HD222925」では、人工衛星の観測により、なんと金や銀をはじめとする65種類の元素が見つかりました。見つかった元素のうちの42種類は核融合で作られたのではなく、星の合体や爆発など、特殊な出来事によってできたと考えられていることが、この発見の面白いところです。

この天体は、太陽よりも古い星であることがわかっています。この恒星の存在は、超新星爆発や中性子星の合体が、はるか昔にも起きていた証拠になりました。こうした宇宙にある元素の発見は、地球の生命の起源を知る手がかりになりえます。

世界を見ると、宇宙での資源採掘に熱視線を向けている国や企業もあります。日本、アメリカ、ルクセンブルク、アラブ首長国連邦などでは、民間事業者が天体で採掘した資源の所有権を認める宇宙資源法が制定されました。水の存在が確実視されている月では、水を採掘して活用する事業構想を打ち出す企業が出てきています。将来的に技術が向上すれば、どこかの星で採掘された希少価値が高い金属を地球に持ち帰ることもできるようになるかもしれません。

ただし、地球から離れた星に資源を採掘するロボットを送り込むことになったときは、もちろん行き当たりばったりではいけません。機体の開発や打ち上げにコストがかかることに鑑みて、ターゲットとなる星にどんな資源がどのくらい眠っているかを調べて、条件が一番良い星を選びたいものです。

そのためにはやはり、観測技術の向上が必須です。現在、太陽系外にある惑星は5500個以上見つかっています。こうした太陽系外惑星もNASAが打ち上げたジェイムズ・ウェッブ宇宙望遠鏡によって、詳細に観測できるようになりました。宇宙での資源採掘は、もはやSFの世界だけの話ではないのです。

金属は宇宙空間で作られる

宇宙空間で起きるさまざまな現象を経て生まれた物質のうち、たまたま地球に集まったものに私たちは価値を見出しています。

たとえば、普段の暮らしのなかで「いつか水素や酸素が足りなくなってしまうかもしれない」なんて思ったことはないはず。太陽が核融合を起こす燃料としている水素は、ビッグバンで宇宙が生まれた直後にできて、宇宙空間のどこにでも存在しています。

一方、周期表で3番目のリチウムは、スマートフォンやノートパソコン、電気自動車に使われるバッテリーの素材として注目されていて、地球における埋蔵量もかなりの量になっていると言われています。地球上では珍しくないですが、宇宙だとどうでしょうか。リチウムを作り出す現象はいくつかあります。宇宙の始まりのビッグバン、恒星内部の核融合などです。なかでも、宇宙にあるリチウムの大部分をつくっているのは「**新星爆発**」であると言われています。

超新星爆発と名前が似ているのですが、新星爆発は太陽と同規模の恒星がその生涯を終えた後にできる残骸の表面で突発的に起こる爆発です。太陽と同規模の恒星は核融合を終えて、持っていたガスをすべて吐き出すと、白色矮星と呼ばれる星になります。これが、新星爆発が発生する現場です。

白色矮星は、質量は太陽よりも少し軽い程度であるものの、その大きさが地球程度と小さく、強い重力を持っているのが特徴です。この重力が近くにある恒星のガスを吸い寄せ、白色矮星の表面に少しずつ降り積もっていきます。溜まったガスの重さで、限界を迎えると白色矮星は核融合を起こし、一気に輝きを増します。これが新星爆発の正体です。

新星爆発が起きると、何もなかった夜空に肉眼で見えるほど明るい星が出現したように見えます。実際に２０２４年8月には夏の星座の一つ「かんむり座」で発生するかもしれないと注目されていたので、宇宙好きの人は覚えているかもしれません。こんな不思議な現象がもし夏休みのあいだに起きたら、学生の自由研究には最適でしたね。

研究者たちはこの光をすばる望遠鏡という高性能な望遠鏡で観測することで、新星爆発が大量のリチウムを作り出していることを突き止め、その量が宇宙全体のリチウムのバランスを支えうるものだと指摘しました。

中性子星合体――重力波研究の衝撃

金属のなかでも、金やプラチナは希少価値が高く、値段も高価なことで有名ですよね。なぜ希少価値が高いのかというと、埋蔵量に限りがあるからです。それだけではなく、宇宙空間全体で見ても、今のところ比較的レアな現象がそれらを作り出しています。

金属でも鉄は身近です。それは、宇宙でも作るのが容易だからです。私たちの身近な太陽のような恒星が核融合で作り出せる元素は周期表で26番目の鉄までなので、これ以上重い元素を星のなかで作り出すことはできません。核融合を繰り返していくうちに、元素はだんだんと重たくなっていき、融合させるパワーも必要になってきます。**鉄よりも重い元素は、単純に重力だけでは融合させられない**のです。

鉄より重い元素は、ほかの天文現象によって作られています。では、どうやって作り出されているのでしょうか。そのうちの一つは、ブラックホールになり損ねた中性子星同士の合体です。中性子星は、太陽と同じくらいの重さを持っていながら、山手線の内側にすっぽりと収まる直径20キロメートルほどの大きさまで凝縮されているのが特徴です。

なお、中性子星という名称は、一般的には原子の原子核のなかにある中性子がぎっしりと詰まっていることに由来しています。この中性子星同士が合体すると、地球の何千倍もの重さの金やプラチナ、レアアースが作り出される可能性が高いと考えられています。

第2章の後半でブラックホール同士、ブラックホールになり損ねた中性子星同士、あるいはブラックホールと中性子星が合体すると、重力波が発生することを説明しました。中性子星同士の合体も、すでに検出されているのです。

中性子星同士の合体による重力波が初めて検出されたのは、２０１７年8月のことでした。同時に、中性子星同士の合体で鉄よりも重い元素が作られたときに発生すると考えられている爆発現象「**キロノヴァ**」も初めて検出されています。

このキロノヴァから放たれた光の明るさは、太陽のそれの1億倍にも及びました。中性子星同士の合体やキロノヴァは、広い宇宙のなかでも非常にレアな現象です。このような現象によって生まれる金やプラチナが、さらに宇宙空間を漂って地球という一つの惑星に集積する確率はいっそう低くなります。そんなわけで、金やプラチナの希少性は高いのです。中性子星同士の合体とキロノヴァは検出されたものの、現象のすべてを理論的に説明することはできず、作られた元素の種類や量まではわかりませんでした。

そんななか、東北大学の研究チームは、天文学専用のスーパーコンピューターを使ったシミュレーションにより、中性子星同士の合体でランタンとセリウムというレアアースが生み出されたと考えました。

ランタンは元素表で57番目の元素で、ハイブリッドカーなどの電池に使用されていることで知られています。セリウムは元素表では、ランタンに続く58番目の元素です。こちらは、ガラスの研磨剤としてよく使われています。

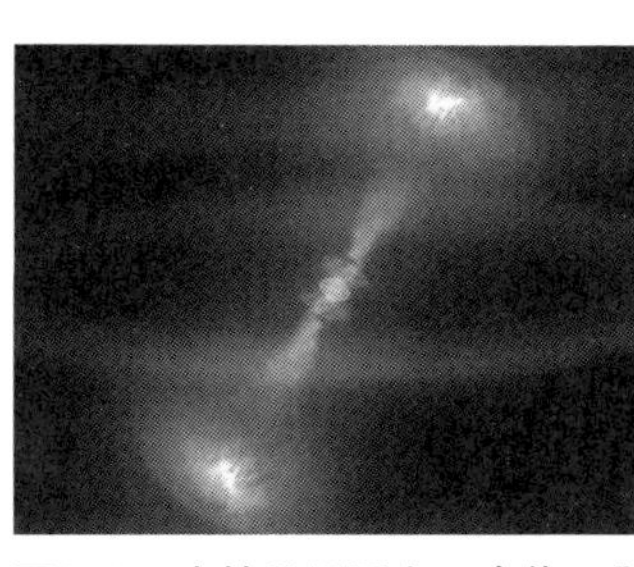

図3-2　中性子星同士の合体で発生したキロノヴァのイメージ
©NASA's Goddard Space Flight Center/Conceptual Image Lab

普段の生活のなかで使う道具の材料として使われている元素が、宇宙のある特定のイベントで生まれているというのは、非常に興味深い事例です。

素粒子が宇宙の謎を解くカギ

私たちの目に見える物質は、宇宙全体のほんの5％ほどしかありません。残りの95％はまだ解明されておらず、その謎を解くためのカギとなるのが「**素粒子**」

です。素粒子とは、物質を構成する究極に小さな単位のことです。現在までに17種類の素粒子が発見されています。

「一番小さな単位は原子じゃないの？」と思うかもしれません。かつての科学者たちもそう考えていました。しかし、原子を詳しく調べると、さらに小さな粒子が集まって原子が作られていることがわかりました。原子の中心には原子核があり、その周りを電子が回っています。電子は、これ以上分割できない粒子で、素粒子の一種です。

一方で、原子核を構成する陽子や中性子はさらに小さな粒子からできていることがわかりました。これらの粒子は「クォーク」と呼ばれる素粒子です。陽子や中性子は、3つのクォークが結びついて構成されています。

余談ですが、クォークという名称は、聞き慣れない響きをしていると思いませんか？

実は、由来になったのは小説に出てくる鳥の鳴き声なのです。陽子と中性子を作る素粒子の存在を予言したアメリカ生まれの物理学者マレー・ゲル＝マンは大の読書好きでした。小説のなかで、不思議な鳥が「クォーク、クォーク、クォーク」と3回鳴く場面があり、不思議な3つの素粒子の名前にぴったりだと思ったのだとか。

最初、クォークは3種類しかないと考えられていましたが、その後さらに3種類のクォークが見つかり、現在は6種類が確認されています。また、原子核の周りを回る電子は「レプトン」という軽い素粒子に分類されており、クォークとは異なる6種類のレプトンが存在します。

これら6種類のクォークと6種類のレプトンを合わせた12種類の素粒子は、「物質粒子」と呼ばれ、私たちの身の回りにあるあらゆる物質を作り出しています。このように、私たちが見ている世界は、これらの基本的な素粒子から成り立っているのです。

カミオカンデとニュートリノ

レプトンはさらに、電気を帯びている「荷電(かでん)レプトン」と電気を帯びていない「ニュートリノ」に分けられます。ニュートリノは、天文学とも深いかかわりがある素粒子です。日本人が受賞したノーベル物理学賞の対象研究でもあるためよく話題になるので、名前を耳にしたことがある人も多いでしょう。

ニュートリノの発生元の代表例は超新星爆発です。爆発後、その勢いに吹き飛ばされて地球にやって来ます。世界で初めて超新星爆発からのニュートリノの検出に成功したのは、実は日本の研究者でした。

地球の16万光年先にある大マゼラン星雲で起きた超新星爆発で放出されたニュートリノを、岐阜県吉城郡神岡町（現・岐阜県飛騨市神岡町）の地下深くに設置された巨大な水槽のような検出器「カミオカンデ」で観測しました。１９８７年のことでした。カミオカンデを創設し、プロジェクトを率いた東京大学名誉教授（当時）の小柴昌俊氏は、２００２年にノーベル物理学賞を受賞しています。

カミオカンデは、小柴昌俊氏らにより創設され、１９８３年7月に運用がスタート。当初は陽子が寿命を迎える、陽子崩壊の検出が目的でしたが、ニュートリノも検出できるように改修がなされました。

ニュートリノは私たちの目には見えず、何でもすり抜けてしまいます。まるで幽霊のようですね。そんなニュートリノを検出したカミオカンデは、簡単に言うと、地下１０００メートルに作られた巨大な円筒型の水槽です。

水槽は４５００トンの水で満たされ、壁には９４８個の光センサが取り付けられています。宇宙からニュートリノが飛んでくると、ごく稀にニュートリノが水槽の水とぶつかって、弱い光を発する仕組みです。この光をキャッチして、ニュートリノを検出します。

ニュートリノを初検出した当時も、天文学業界では珍しい天体現象が観測されたとき、ほかの研究機関に共有する動きがありました。

ただ、今ほどインターネットが普及しておらず、大マゼラン星雲で超新星爆発が起きたことはアメリカのペンシルバニア大学からＦＡＸで日本の研究者に知らされました。それを見た研究者がカミオカンデのデータを記録した磁気テープを宅配便で神岡町から東京に送りました。そして届いたデータを解析した結果、ニュートリノが検出されました。歴史的大発見の舞台裏には国境を超えたチームプレイがあったのです。

１９９６年４月以降は、より性能が高い２代目の検出器「スーパーカミオカンデ」がカミオカンデの役割を引き継いで運用されています。スーパーカミオカンデはＳＦ好きのあいだで人気がありますよね。水槽の５万トンの水と約１万３０００本の光センサが、ニュートリノがやってくるのを今か今かと待ち構えています。

スーパーカミオカンデによる観測で、ニュートリノにはそれまではないと考えられていた質量があることがわかりました。さらに、飛んでいるうちに異なる型に変わる、ニュートリノ振動という現象が発見されました。

この功績により、梶田隆章（かじたたかあき）氏が２０１５年にノーベル物理学賞を受賞しました。ニュートリノ研究で日本人研究者にノーベル物理学賞が贈られたのは、小柴昌俊氏に続く２人目です。

カミオカンデシリーズによる観測は現在も続けられています。２０２７年には、３代目となる「ハイパーカミオカンデ」が建設される予定で、26万トンの水槽と約４万本の光センサでニュートリノの謎の解明を行っていく計画となっています。

ミッシングバリオン問題——つじつまが合わないダークな宇宙

先ほど、宇宙の95％は未知だというお話をしました。つまり、５％は解明されている。そう言いたいところですが、私たちの身の回りにある物質（バリオン）の半数以上は、実は宇宙では検出されていないのです。これは「**ミッシングバリオン問題**」、日本語で消えたバリオン問題と呼ばれています。身の回りの物質は一体どこで生まれて、どのように地球にやってきたのでしょう？　宇宙はつじつまが合わないことばかりです。

さて、謎に包まれている宇宙の約68％は「**ダークエネルギー**（暗黒エネルギー）」、残りの約25％は「**ダークマター**（暗黒物質）」と呼ばれます。これらの正体は、未発見の素粒子ではないかとも考えられていますが、詳しいことはまだわかっていません。

そんなダークエネルギーとダークマターがなぜ存在しているといえるのかというと、あると仮定しなければ説明ができない事象がいくつも見つかっているからです。そのものの観測ができていれば納得感があるのですが、そうもいかないのです。

たとえば、宇宙が生まれてから今日まで広がり続けていることも、ダークエネルギーの働きによるものだと考えられています。宇宙の膨張については、第5章で詳述しますが、遠い銀河からやってくる光を観測していると、銀河が少しずつ遠ざかっていくことがわかります。このことから、宇宙は空気をどんどん入れて大きくなっていく風船のように膨張を続けていると考えられているのです。

ここで一つ大きな疑問が浮かびます。通常、物質同士は重力によって引き寄せられます。したがって、宇宙もその重力の影響でいずれは縮んでいくはずではないでしょうか？

それなのに、なぜ宇宙はどんどん広がっているのでしょうか？　この現象を説明するために考えられているのがダークエネルギーです。

ダークエネルギーは、宇宙全体に広がる、重力に反発する性質を持つエネルギーだと考えられています。このエネルギーが、宇宙の膨張を加速させているとされているのです。宇宙の約68％はこのダークエネルギーで満たされていると見積もられており、ダークエネルギーがなければ、宇宙は現在のように膨張し続けることはできなかっただろうと考えられています。

ダークエネルギーの正体については、まだ多くの謎が残っています。私たちはその存在を観測することができないため、理論上でのみ説明されています。現在、ダークエネルギーが何なのかを説明する理論は複数ありますが、その正体はまだ明らかになっていません。一つの仮説として、「真空のエネルギー」があります。真空のエネルギーとは、何も存在しない空間にもエネルギーがあるという考え方です。このエネルギーが、宇宙の膨張を加速させている可能性はありますが、あくまで仮説の一つなので、これからさまざまな検証がなされていくのではと期待されています。

また、ダークエネルギーがどのように宇宙の構造に影響を与えるのか、さらに詳しい研究も進んでいます。たとえば、宇宙の大規模構造と呼ばれる銀河団や銀河の分布に対する影響や、宇宙の未来がどうなるかを予測するために、天文学者たちはダークエネルギーの性質を調べ続けています。

結論として、私たちが今日知っている宇宙の膨張とバランスを説明するためには、ダークエネルギーの存在は不可欠です。まだその正体は謎に包まれていますが、宇宙の進化や未来を理解するためには、ダークエネルギーの解明が必要な要素となっています。

見えない重力源・ダークマター

ダークエネルギーよりも、ダークマターのほうがその存在を直感的に理解しやすいかもしれません。ここではダークマターの存在を指摘する二つの観測結果を紹介します。

一つ目は私たちが住む天の川銀河の天体の運動です。天の川銀河は円盤のような形をしていて、ゆっくりと回転しています。中心に巨大なブラックホールが存在していると第2章で紹介しましたが、この力によって作られている円盤内の天体の動きは、内側と外側で異なるはずです。具体的には、円盤の内側は一回転するのにかかる時間は短く、外側にいくにつれて一回転するのにかかる時間が長くなっていくはずです。

ところが、天の川銀河は内側も外側も同じスピードで回転しているのです。つまり遅くなるはずの外側の天体が、なぜか内側と外側で同じスピードで動いているんです。このスピードでもし動くのだとしたら、外側の天体は凄まじい遠心力がかかっているはずなわけです。しかし、天の川銀河から星々は飛んでいかない。なぜなのでしょうか。

この不思議な現象を説明するのに、ダークマターの存在が重要になってきます。ここでダークマターは、銀河の回転を正常に保つための重力を提供していると考えられており、これがなければ天の川銀河の外側の星々は遠心力で飛び出してしまうはずなのです。私たちが直接見ることのできない何かが、銀河全体に広がっていて、その物質が重力を及ぼしていると考える必要があり、それがダークマターであるということです。

二つ目は、その重力で空間を歪ませている観測領域が発見されている研究です。ダークマターはその重力で光を歪ませています。その様子がよくわかるのは、アメリカのX線観測衛星が捉えた、46億光年先の銀河の集まりの写真でしょう。写真（図3－3）の中心に顔が見えませんか？　大きな目が二つ、その下に鼻が一つ、さらにその下の光は笑っている口のようです。

これは児童小説『不思議の国のアリス』に登場する、いつもニヤニヤと笑っているキャラクター「チェシャ猫」のようだと話題になり、銀河の集まりには「チェシャ猫銀河団」というニックネームが付きました。ニヤリとカーブしたチェシャ猫の口の正体は、ダークマターによって歪まされた銀河の光です。

図3-3　チェシャ猫銀河団

©X-ray-NASA/CXC/J. Irwin et al.

なお、こうした光が重力によって歪む現象は、「重力レンズ効果」と呼ばれています。重力レンズ効果とは、巨大な重力が光を曲げてしまう現象のことで、まるでレンズのように光を歪ませています。これにより、私たちが観測する銀河や星の光が実際の位置からずれて見えることがあります。この特性が、ダークマターの分布を調べることに役立っているのです。

世界最高峰の望遠鏡でダークマターを追いかける

現在、最新の技術を駆使した観測によって、ダークマターの存在は確かなものだと考えられるようになってきています。

まず、チリのアタカマ砂漠にあるアルマ望遠鏡を使った観測では、110億光年先にある「クエーサー」と呼ばれる非常に明るい天体が注目されました。クエーサーは銀河の中心にある超巨大ブラックホールから放たれる強力な光を放つ天体で、宇宙の遠くにある天体を研究する上で重要な対象です。この観測で、クエーサーの光が手前にある銀河の重力によって歪んで見える重力レンズ効果が確認されました。しかし、歪みは予測されたものと完全には一致しませんでした。これは、銀河の重力レンズ効果だけでは説明できない追加の歪みがあることを意味していました。

研究者たちは、この予測外の歪みがダークマターの塊によって引き起こされている可能性が高いと考えました。実際に、約3万光年離れた場所にダークマターの塊が存在し、その重力が光をわずかに曲げていることが示されました。この発見は、アルマ望遠鏡の高い感度と解像度のおかげで実現したのです。

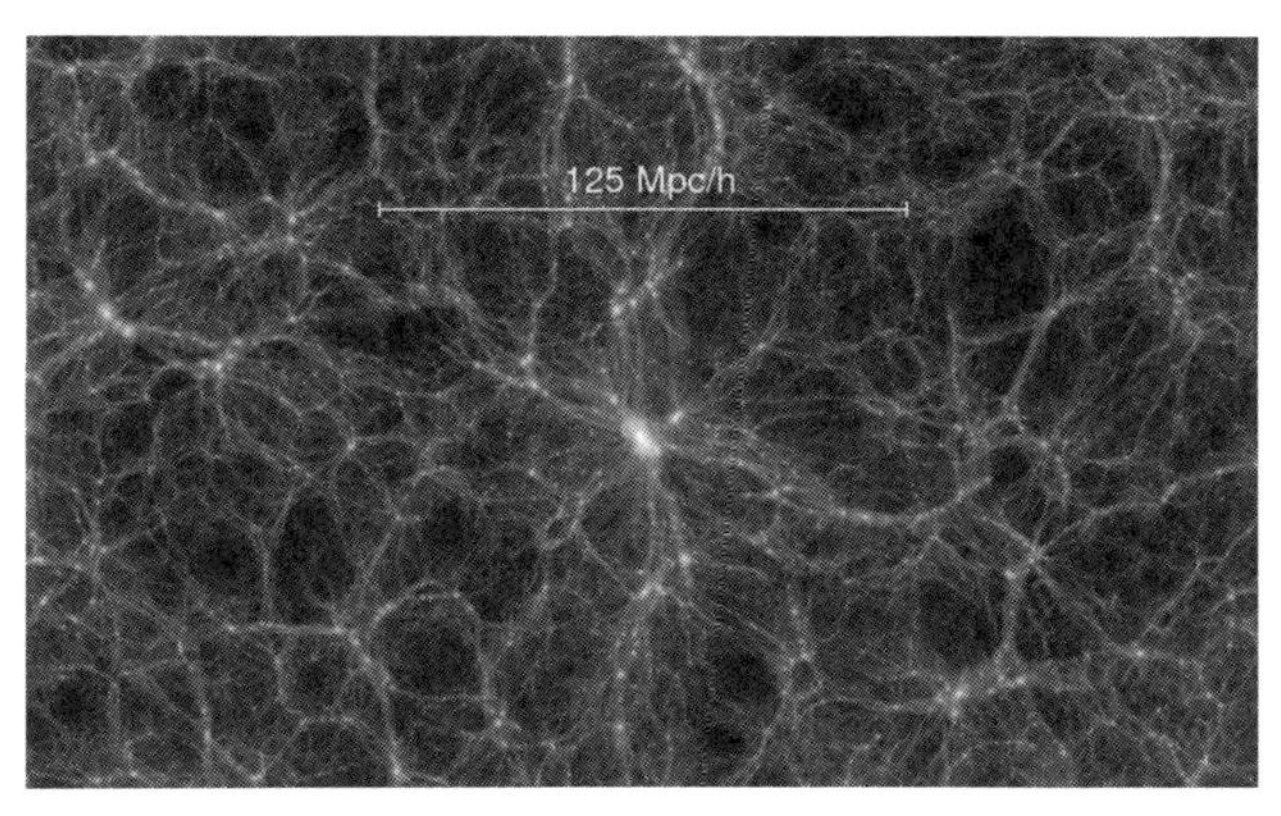

図3-4　コズミックウェブのシミュレーション結果

©The Millennium Simulation Project

別のアプローチもあります。ハワイ島にあるすばる望遠鏡を使った観測では、ダークマターによって作られたと言われる巨大な「糸」が初めて観測されました。その正体は銀河で、「コズミックウェブ」と言われる、宇宙のなかで見ても非常に大きな構造です。すばる望遠鏡は、ハワイのマウナケア山に設置された日本の誇る高感度望遠鏡であり、銀河団やその周辺に広がるダークマターの分布を観測するための重要な役割を果たしています。韓国の延世(ヨンセ)大学を中心とした研究チームは、この望遠鏡を使って、地球から最も近い大規模な銀河団の一つである「かみのけ座銀河団」に注目しました。

かみのけ座銀河団は、ダークマターが糸状に伸びるコズミックウェブのなかでも、複数の糸が交差する地点に位置していると考えられています。この観測では、銀河団から数百万光年にわたって広がるダークマターの「糸」が、初めて検出されました。この成果は、銀河の構造を形成するダークマターの分布を理解するための重要な一歩です。通常、ダークマターの糸は微弱な影響しか与えないため、これを観測するには非常に高感度な望遠鏡が必要です。すばる望遠鏡の広い視野と高い解像度が、この観測を成功に導いたのです。

ダークマターが解明されるとき

ダークマターやダークエネルギーの正体が解明される日は、案外早く訪れるのではないかと私は思っています。その瞬間に生きて立ち会うのも夢ではないと思います。こう考えるのは、世界中にダークマターやダークエネルギーを研究する研究施設が創設されて、研究が急速に発展してきていることに対する期待です。

代表的な研究機関として挙げられるのがカブリ研究所です。カブリ研究所とは、ノルウェー系アメリカ人の起業家フレッド・カブリが創設したカブリ財団が支援する研究所のことです。支援する研究分野は、宇宙物理、ナノサイエンス、脳科学、理論物理学の4つ。中国の北京大学やアメリカのマサチューセッツ工科大学、シカゴ大学など、世界各地の大学に20のカブリ研究所が併設されています。

日本では東京大学に、宇宙物理、特にダークエネルギーやダークマターなどの研究を行うカブリ数物連携宇宙研究機構が置かれています。それぞれのカブリ研究所が解明に向けて研究に力を注いでいます。

いつかダークマターの正体が解明されて、新しい名前が付けられると「昔は『ダークマター』と呼ばれていたらしいですよ」なんて会話がなされる時代がやってくるかもしれませんね。

コラム 見えないダークマターに直接触れる？

ダークマターの正体を調査する研究としては、地球にやってくるダークマターを直接捉えようとする取り組みも存在します。

日本では、ニュートリノを捕まえたカミオカンデと似た仕組みで、ダークマターを捉えようとする観測施設「ＸＭＡＳＳ」が同じく岐阜県吉城郡神岡町（現・岐阜県飛騨市神岡町）の地下１０００メートルに２０１０年に建設されました。カミオカンデは水槽に水を満たしていたのに対して、ＸＭＡＳＳはキセノンという気体を満たしており、ダークマターがやって来たら発光する仕組みになっています。

こうした観測施設や検出器には、アメリカの「ＬＵＸ‐ＺＥＰＬＩＮ」やイタリアの「ＸＥＮＯＮｎＴ」などがありますが、まだ検出には成功していません。ただ、こうした途中経過にも意義があります。

一定期間観測を続けても、ダークマターを捕まえられないなら、水槽に溜める物質を変えるべきだとか、あるいは実験の期間に基づいて「少なくともこの確率ではダークマターが現れない」といったデータを求めるなど、示唆を得ることができるからです。まだ検出できていないからといって、意味がないわけではないのです。

研究者のなかには、自らダークマターを再現する実験を行って、その正体にたどり着こうとするアプローチを取る人もいます。たとえば、自然法則や物質の構造などを探究する研究機関、高エネルギー加速器研究機構（KEK）は、茨城県つくば市のキャンパスに素粒子の反応を測定する加速器を持っています。

加速器とは、原子に含まれる電子や陽子などを電磁波などによって光の速度まで加速させることができる装置です。この加速器で電子や陽子などの粒子を加速させた後に衝突させて、ダークマターの粒を作り出そうとする研究が行われています。

第4章
すごい生命

天文学者が必ず聞かれること

「宇宙人っているんですか？」

宇宙の研究をしていたことを話すと、必ずと言っていいほど聞かれるのがこの質問です。面白いことに、この質問は日本だけでなくＮＡＳＡに勤めていたアメリカ時代にも、パーティーの場で出会う人たちに聞かれました。世界共通で気になるこのトピック、私にとっても本気で考えたいポイントの一つでもあります。

同じぐらい聞かれるのは「ＵＦＯを見たことありますか？」です。いつも答えに迷ってしまいます。というのも、小学生の頃、奇妙な軌道を描く光の点を空に見つけたことがあるからです。それが結局何だったのかは今もわかりません。もしかしたらＵＦＯであった可能性もゼロではないでしょう。もしも、あのときに見たＵＦＯが本物だったら。宇宙のどこかに、私たち以外にも生命がいたらいいなと思っています。

地球の大気圏の外に存在しているかもしれない生命、すなわち**地球外生命体**は本当に存在するのでしょうか。これまでの研究で、さまざまな説が唱えられてきました。

そもそも、生命とは何でしょうか。

正式な定義はありませんが、（1）皮膚や細胞膜など外側との境界を持っていること、（2）代謝、すなわちエネルギーや物質を取り込んで、生体内で化学反応を起こすこと、（3）自己複製して種として子孫を残せる能力を持っていること、（4）環境に適応しながら進化していくこと、この4つが生命の特徴として研究者のあいだでは受け入れられているようです。

つまり、私たち人間や動物、植物はもちろん、目には見えないくらい小さな微生物や一つの細胞でできている細菌も生命だと言えます。一方、風邪を引き起こすウイルスは、ほかの生物の細胞に入り込まなければ増殖できないため、（3）を満たさず、生命ではないという意見もあります。

こうした**生命の誕生には、液体の水、有機物、エネルギーの3要素が必要**だと考えられています。ここでいう有機物とは、炭素を含む化合物のことで、アミノ酸やタンパク質などを含みます。

生命が宇宙にいるとすれば、それは一体どこで、どんな姿をしているのでしょうか。火星をはじめ、太陽系の星に世界の宇宙機関が探査機を送って環境を調べたり、かつて存在していた生命の痕跡を探したりしています。

さらに遠い太陽系の外では、5500個以上の惑星が見つかり（2024年10月時点）、そのなかには「第2の地球」候補の星もあります。こういった星たちのことを「太陽系外惑星」と呼びます。そこに生命はいるのでしょうか。より詳しく調べるために望遠鏡や人工衛星を使った観測が続けられています。ここからは、実際に行われている研究や探査プロジェクトをご紹介していきます。

地球外生命体を探す研究

私が研究で扱った星のなかにも、地球外生命体が存在している可能性が示唆される星がありました。それは、地球から約40光年先にある「**トラピスト1**」という恒星です。トラピスト1の周りには、すでに見つかっているだけでも7個の惑星があります。そのうち、恒星に近いところから3～5番目の惑星には、液体の水が存在している可能性があり、生命がいるのではないかと注目されています。

先ほど、液体の水は生命の誕生に必要な3要素の一つだとお話しました。液体の水の存

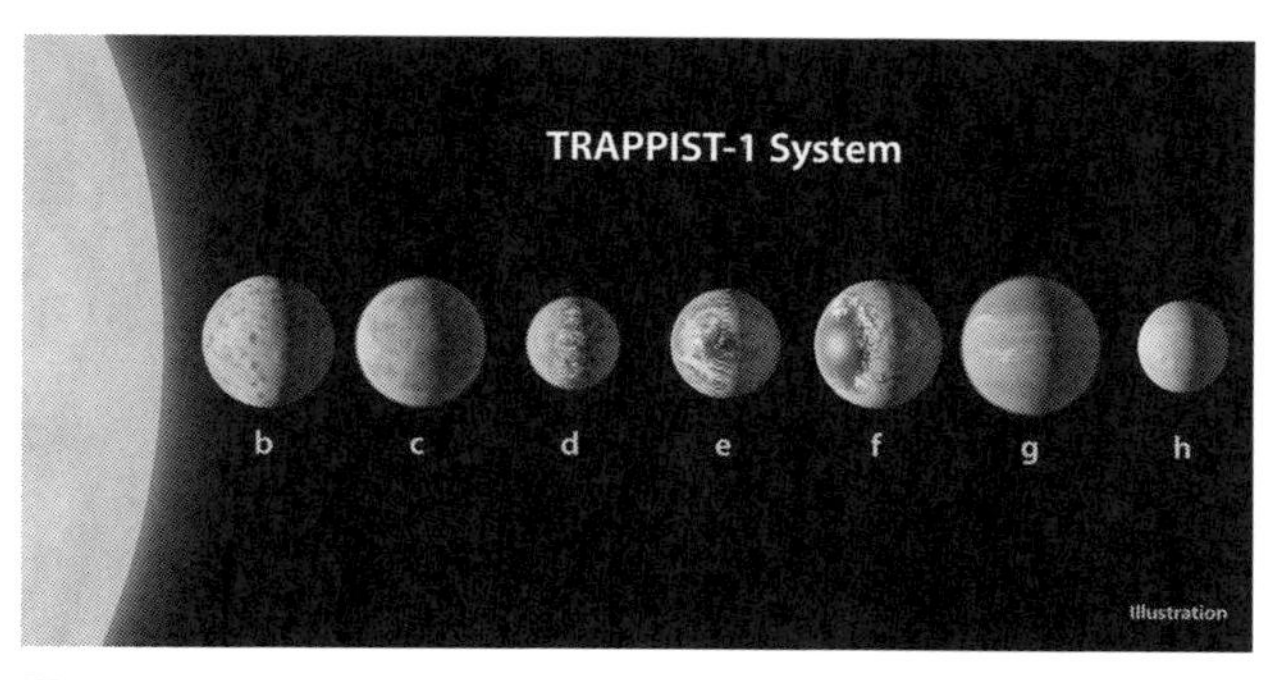

図4-1　トラピスト1星系のイメージ　©NASA/JPL-Caltech

在が重要視されているのは、多くの物質を溶かすことができ、溶け込んだ物質同士が化学反応を起こしやすいと考えられているからです。

地球で最初の生命はどこで生まれたのかはまだわかっていませんが、海底にある熱水噴出孔の近くで生まれた「海底熱水説」と、陸地で湧き出た温泉の近くで生まれた「陸上温泉説」、いずれも液体の水の近くで生命が生まれたとする考えが有力な仮説として挙がっています。

液体の水はどこにでも存在できるわけではありません。恒星からの距離が近すぎると、惑星の表面温度は高くなり、水は蒸発してしまいます。逆に恒星から遠く離れすぎると、水は凍って氷になってしまう。恒星と〝ちょうどよい〟距離感を保っている星であれば、液体の水が存在できる可能性が高いと考えられるわけです。

このようなちょうどいい距離感をもつ範囲のことを「**ハビタブルゾーン**」と呼びます。太陽系では、地球から火星の付近までがハビタブルゾーンに該当すると考えられています。「ハビタブル（habitable）」とは、英語で「居住可能な」という意味で、地球のように生命が存在できる星を「ハビタブルスター」、あるいは「ハビタブル惑星」と呼ぶこともあります。

太陽系外における生命探査では、惑星を見つけること、そして特にハビタブルゾーンに入っている惑星を詳しく調べる研究が盛んです。トラピスト１の３個の惑星もハビタブルゾーンに入っていることがわかり、ニュースで大きく取り上げられました。２０１７年のことです。

当時、私は大学院生で、研究室内でトラピスト１の話題で盛り上がったことをよく覚えています。すると、指導教授が「液体の水が存在できても、トラピスト１が強烈な恒星フレアを活発に起こしていたら、生命は存在できないのではないか」と言いました。大きなフレアが発生すると、放射線が放出されるため、ダメージを受けてしまい生命は生きられないのではないかと考えたのです。このアイデアは、当時まだ宇宙や生命について詳しくない私にとっては衝撃的かつとても納得のいく観点でした。

そこで私は、運用にも参加していた国際宇宙ステーションに取り付けられた全天X線監視装置MAXIの過去8年分の観測データを掘り起こして、トラピスト1がフレアを起こしているかどうかを調査してみました。この装置では、第1章で紹介したように、生命に影響を与えうるであろう巨大なフレアを検出しやすい設計になっていたので、検証に適していました。

結局、MAXIの観測データからは、大きな恒星フレアの発生した事実は見つかりませんでしたが、実際に地球外生命体にかかわる研究をやってみると、子どもの頃に感じた宇宙人に対するロマンを思い出して、とてもワクワクした記憶があります。研究を楽しむというのは、こういうことなのかもしれないと思うほどでした。

どうやって地球外生命体を調査するのか

私が大学院生だった頃は、トラピスト1の7個の惑星の発見に留まらず、系外惑星の発見ラッシュでした。その背景には、NASAが2009年に打ち上げた、系外惑星を探す宇宙望遠鏡「ケプラー」の観測データが溜まり始めたことがあります。

そもそも、系外惑星探査の歴史はまだ始まったばかり。昔から、太陽系外にも惑星は存在していると考えられてはいましたが、実際に系外惑星が存在するという証拠が発見されたのは1995年のことでした。

スイスの天文学者ミシェル・マイヨールと教え子のディディエ・ケローが発見した、地球から約51光年先にあるペガスス座51番星を回る惑星が、最初の系外惑星となりました。以来、観測技術が向上し、現在までに5500個以上の系外惑星が確認されています。

系外惑星を見つける方法はいくつかありますが、発見数が多いのは「トランジット法」と呼ばれる手法です。一言で言えば、日食のように星の前を横切る天体を見つける、という方法です。明るい光を放っている恒星を観測していると、その周りを回っている惑星が前を横切って恒星の一部を隠す現象がしばしば見られます。惑星の場合には、一時的かつ定期的に恒星が暗く見える現象が起こります。

この様子をケプラー宇宙望遠鏡は捉えて、系外惑星を探しました。ただし、ケプラー宇宙望遠鏡が集めたトランジットのデータは、必ずしも惑星の存在を示すというわけではありません。ケプラー宇宙望遠鏡のデータは系外惑星の候補の情報にすぎず、地上の望遠鏡で惑星の存在を確かめる「フォローアップ」と呼ばれる作業を経て、ようやく正式に系外惑星の仲間入りを果たします。

多くの系外惑星発見に貢献したケプラーは2019年に運用を終了し、現在は2018年に打ち上げられた後継機のトランジット系外惑星探査衛星（TESS）がその仕事を引継ぎました。TESSはケプラーよりも視野が広く、続々と系外惑星候補を見つけています。

こうして系外惑星を見つけたら、次はその星の環境をより詳しく観測して調べるフェーズに入ります。星から届く光は私たちに多くの情報を教えてくれます。たとえば、精度が高い望遠鏡で集めた光を分析し、計算シミュレーションと組み合わせると惑星の大気に含まれている物質を知ることもできます。

地球の生命はほかの星から来た？——最新の望遠鏡がすごい

地球の生命の起源として、海底熱水説や陸上温水説のほかにどんな仮説がありうるでしょうか。火星などから隕石は飛来していますし、原始的な生物なら宇宙空間を旅しても死なない可能性がありますから、理論的には宇宙飛来説もありえます。しかし、この説は検証が難しいんですね。ただ、最近では宇宙探査が進んできて、地球以外で生命の成育に適した環境も見つかっています。たとえば、土星の衛星「エンケラドス」（エンセラダス、エンケラドゥスとも呼ばれる）などです。そこで生命が誕生する可能性があるのか？　生命の材料となる有機物ができているのか？　といった研究は、日進月歩で進められています。

系外惑星の研究や探査に欠かせないのが、星からやってくる光を集める望遠鏡です。望遠鏡は大きく分けると、地上に設置されたものと、宇宙に打ち上げられた宇宙望遠鏡の二種類があります。どちらも異なる特徴を持ち、宇宙の謎に迫るために重要な役割を果たしています。

たとえば、日本が誇る世界最大級のすばる望遠鏡は、地上望遠鏡の代表格です。すばる望遠鏡が設置されているのは、米国・ハワイ島のマウナケア山の山頂付近です。標高4207メートルという富士山よりも高い位置にあり、そこでは空気がとても薄く、天体観測に最適な環境が整っています。

宇宙から届く光は、空気による影響を受けやすいですが、高い場所ほど空気の量が少なくなり、その影響を抑えることができるのです。さらに、マウナケア山は天候が安定しており、晴れの日が多いことから、世界中の国々がここに大型望遠鏡を建設し、天体観測のための重要な拠点となっています。

すばる望遠鏡は、特に「第2の地球」を探すプロジェクトに力を入れており、これまでに数々の発見をもたらしています。そのなかでも注目すべき発見が、系外惑星「ロス508b」です。この惑星は、地球から約37光年離れたところにあり、恒星の周りをわずか11日で1周してしまうという驚くべきスピードで公転しています。

さらに、この惑星の軌道は楕円形をしており、公転の途中で恒星に接近したり離れたりを繰り返しているため、軌道の半分だけが生命が存在できるかもしれない領域に入るというユニークな特徴を持っています。この惑星では、液体の水が存在する可能性があり、もしそうであれば生命の存在にも繋がるかもしれないと期待されています。

地上望遠鏡の大きな利点は、装置をアップグレードできる点にあります。宇宙望遠鏡は一度打ち上げられると、地上からは物理的なメンテナンスが難しくなり、新しい装置を搭載することもできません。しかし、地上に設置された望遠鏡であれば、技術の進化に合わせて新しい装置を導入することが可能です。実際に、すばる望遠鏡には２０２２年、東京大学などのチームが開発した「超広視多天体分光器（ＰＦＳ）」が取り付けられました。分光装置とは、天体からの光を波長ごとに分け、その光のなかに含まれる情報を解析する装置です。この新しい分光装置は、一度に約２４００の天体を同時に観測することができ、これまでにない広い視野を持っています。この技術によって、より多くの系外惑星や星の詳細な観測が可能になりました。

一方、宇宙に打ち上げられた宇宙望遠鏡のなかで、最も注目されているのが、第2章でも紹介したジェイムズ・ウェッブ宇宙望遠鏡（ＪＷＳＴ）です。この望遠鏡は、宇宙誕生直後にできた最初の恒星「ファースト・スター（初代星）」を観測するために設計され、非常に高い解像度を持っています。この性能を活かして、遠く離れた系外惑星の大気を観測することも可能です。大気のなかにどのような物質が含まれているかを調べることで、その惑星が生命を育む条件を備えているかどうかを判断することができます。先ほど紹介した、トラピスト１の7個の惑星の大気の観測も行われています。

望遠鏡の進化は、私たちが宇宙を理解するために欠かせない要素です。地上望遠鏡と宇宙望遠鏡は、それぞれ異なる方法で私たちに宇宙の姿を見せてくれますが、どちらもこれからの天文学において重要な役割を果たし続けるでしょう。次に発見される系外惑星が「第2の地球」として、私たちが夢見ているような生命を育む星であるかもしれません。

地球外の「文明」を探すプロジェクト

私たちは、宇宙にほかの文明が存在するのかを長年問い続けてきました。最近の研究では、もし遠くの惑星に都市があり、そこに建造物があれば、その建物から反射される光を観測できるかもしれないという可能性が注目されています。特に「スペキュラー反射」と呼ばれる現象に着目すると、平らで滑らかな表面、たとえばガラスや金属の建物が光を反射し、その光が地球まで届くかもしれないという考え方です。

インド理科大学院のバハヴェーシュ・ジャイスワル氏は、地球サイズの惑星に存在する都市の反射光を観測できるかどうかを計算しました。彼の研究によると、東京都市圏やニューヨーク都市圏の数分の一程度の広さ、約２８００平方キロメートルの都市があれば、その反射光が地球から検出可能な範囲にあることが示されました。特に、赤色矮星と呼ばれる暗い恒星の周りを公転する惑星は、太陽のような明るい恒星よりも都市の反射光が目立ちやすいとされています。

都市からの光が検出されれば、それが人工物によるものか、自然な現象によるものかを区別することも可能です。たとえば、建物が金属製であれば反射光は非常に強くなり、惑星そのものの光よりも何倍も明るくなる可能性があります。これにより、遠い惑星に文明が存在する証拠を見つける手がかりになるかもしれません。

地球外知的生命体の痕跡を見つけるコンセプトはいくつも提案されていますが、逆に見つけてもらう取り組みも行われています。ＮＡＳＡは、１９７７年に打ち上げて以来、今も太陽系外を探索している探査機ボイジャー1号と2号が、いつの日か地球外知的生命体に出会うことを期待して、地球の生命の様子や文化を伝える「ゴールデンレコード」を搭載しました。

レコードに記録されているのは、１１５枚の画像と、55か国語での挨拶、さまざまな時代の音楽、鳥やクジラの鳴き声、海や風の音など。まるで、手紙を瓶に入れて海に流す、ボトルメールのようです。

いつか、ゴールデンレコードを地球外知的生命体が拾ったら、一体どんな反応をするのでしょう。地球の生命や文化に興味を持ってもらえるでしょうか。想像が膨らみますね。

地球から交信できる星の数を求める――地球外生命体とドレイク方程式

ここで一つの疑問が浮かびます。宇宙はこれほど広いのに、なぜこれまで地球外生命体が全く見つかっていないのでしょうか。

ニュートリノの名付け親としても知られる、イタリア出身の物理学者エンリコ・フェルミも、この問いに頭を悩ませました。彼は1950年頃、同僚との食事中に「彼ら（地球外生命体）はどこにいるのだろう?」と尋ねたそうです。この問いは「フェルミのパラドックス」と呼ばれ、テーブルを囲んでいた同僚に留まらず、多くの研究者たちによって仮説が立てられています。

その仮説は主に三つに分けられます。一つ目は、地球外生命体は、実はすでに地球に来ているものの、どこかに潜伏していたり、あるいは政府が隠していたりなど、何らかの理由で私たちが見つけられていないという説です。なお、フェルミの友人であり、コンピュータの父として知られる数学者フォン・ノイマンは、地球外生命体は地球に来ているがハンガリー人だと名乗っていると、ジョークを交えて回答したという逸話もあります。

二つ目は、地球外生命体は存在していますが、まだ地球にたどり着いておらず、交信もできていないという説です。私たちが太陽系外に見つけた第2の地球どころか、火星にさえ行くのが難しいように、地球外生命体にとっても、地球を目指すのは難しいことなのかもしれません。

そして、最後三つ目は、そもそも地球外生命体は存在しないという説です。地球は唯一無二の生命が生きる星だと考える研究者もいるのです。

余談ですが、実際には調べようがない数字をざっくりとした知識やデータを掛け合わせて論理的に導き出す「フェルミ推定」も、フェルミの名前を冠しています。フェルミはこうした計算が得意で、学生たちにも教え込んでいたからです。

例を出しましょう。たとえば、東京都のマンホールの数を問う問題があったとします。一つずつ数えていたら途方もありませんね。しかし、マンホールが何メートルごとにある

N（私たちの銀河系にあり、地球と交信可能な文明の数）
$= R_* \times f_p \times n_e \times f_l \times f_i \times f_c \times L$

R_*	銀河系で１年に生まれる恒星の数
f_p	恒星が惑星を持つ割合
n_e	惑星系のなかで、生命の誕生に適した環境を持つ惑星の数
f_l	生命の誕生に適した環境を持つ惑星のうち、実際に生命が誕生する割合
f_i	誕生した生命が知性を獲得する割合
f_c	知的生命体が電波を使う文明を持つ割合
L	星の一生のうち、知的生命体が電波を使った通信を行う期間の長さ

図4-2　ドレイク方程式

かを仮定して、東京都の面積を掛ければ、ある程度の規模を見積もることができます。

こうしたフェルミ推定を使った問題は、就職活動の採用試験や面接で出題されることもあり、対策の一環で勉強したことがある人もいるのではないでしょうか。

地球外生命体に話を戻します。世界初の地球外知的生命探査プロジェクト「オズマ計画」を立ち上げたドレイクは、フェルミ推定の考え方を使って、私たちの銀河系にあり、地球と交信ができるほどの文明を持った星の数を推定する数式「**ドレイク方程式**」を発表しました。この方程式は７つの項の掛け算でできています（図４－２）。

この7つの値は、研究者の考えによってそれぞれ異なります。ですから、掛け合わせて出てくる数字は、10億だという人もいれば、100だと答える人もいるでしょう。ドレイク本人は、1000から1億と見積もっていたようです。

ドレイク方程式をめぐっては、近年の研究内容を反映させて、アップデートさせようとする動きもあります。なにせ、ドレイク方程式が発表された1961年は、まだ一つも系外惑星が見つかっていなかった時代です。ドレイクも、まさか系外惑星が5500個以上も見つかるとは思っていなかったでしょう。

なんと、彼は「誕生した生命が知性を獲得する割合」は100％だと考えていました。見積もりが甘すぎたのです。そこで、アメリカとスイスの大学の研究チームは2024年、5番目の「誕生した生命が知性を獲得する割合」の変更を試みます。その割合を、「大きな大陸と海洋を持つ居住可能な惑星の割合」と「プレートテクトニクスが5億年以上続いている惑星の割合」を掛けた値に修正したのです。

プレートテクトニクスとは、地表を覆っているプレートの運動のことです。地球は何枚ものプレートによってできていて、それらの運動は地震や火山の噴火などを引き起こしています。プレートが動くうちに起きる物質の循環こそが、生命誕生のカギだと考えられています。

加えて、ハビタブルゾーンの話をしたように、液体の水の存在も欠かせません。こういうわけで、大陸と海洋、プレートテクトニクスの有無をドレイク方程式に加えるべきだという見方が出てきたのです。

修正案を出した研究チームは、修正版ドレイク方程式で求めた、**地球と交信できる星の数は最大2万個だと推定**しました。アップデートされ、かなり納得感のある方程式になったと感じています。

地球外生命体は火星がアツい

ここまで、太陽系外の地球外生命体を探す研究やプロジェクトをご紹介してきましたが、もちろん太陽系内でも、地球外生命体が見つかる可能性も残されています。それどころか、研究や探査が進むうちに、新たに地球外生命体が存在している可能性が示唆されるようになった星も登場しました。

地球外生命体を語るのに外せないのは、やはり火星でしょう。地球のお隣の火星に生命体が存在したら——そう考えてみるだけでもワクワクしますね。

さて、火星探査の歴史の始まりは、アメリカと当時のソ連が宇宙開発競争を繰り広げていた冷戦時代に遡ります。旧ソ連が世界初の人工衛星の打ち上げと有人飛行を成功させ、アメリカはアポロ計画で有人月面着陸を成功させました。

月の次は火星です。自ずと火星も両国の熾烈な争いの舞台となりました。本格的な探査に初めて成功したのは、アメリカのNASAが1976年に打ち上げたバイキング1号と2号でした。かつて水があったと考えられる平原に着陸して、微生物を探しましたが、何も見つけられないまま探査は終了。間もなくして、冷戦は終わり、宇宙開発競争のほとぼりも冷めていきます。

バイキング計画で期待通りの成果を出せなかったNASAでしたが、大きな学びも得ました。いきなり生命を探そうとするのではなく、まずは生命誕生に必要な液体の水と有機物の痕跡探しから始めるべきだという教訓です。

1990年代に入ると、NASAは再び火星探査に力を注ぎ始め、マーズ・パスファインダー、スピリット、オポチュニティをはじめ、続々と探査機や探査車をかつて海や川があったと考えられる地点に送り込み、水の痕跡の探索を開始します。その結果、約20億年前には、地球の海のような大量の液体の水があったことを示す、多くの証拠が発見されました。今は荒涼とした大地が広がっていますが、かつては生命が生きる穏やかな環境があったことが確実視されています。

さらに、ＮＡＳＡの探査機パーサビアランスは、かつて川があったと考えられる渓谷の岩石「チェヤヴァ・フォールズ」に有機化合物が含まれているのを初めて発見しました。これで、生命誕生に必要な2つの要素が揃いました。こんなにワクワクするニュースは、滅多にありません。

ところが、喜ぶのはまだ早かったようです。よく調べてみると、今回の発見は、ＮＡＳＡが定める地球外生命体発見までを7段階で分けた「CoLD SCALE」では、ようやく1段階目に到達したところだというのです。

とはいえ、火星での生命の証拠探しは、一歩ずつ着実に進んでいると言えるでしょう。

氷衛星もアツい

火星以外の太陽系内の惑星でも、地球外生命体の存在が示唆されています。土星を回る氷衛星「**エンケラドス**」は、地下に海があることが確認され、最初の地球外生命体が見つかる星の最有力候補に躍り出ていました。

土星の衛星に海があるの？　太陽系のハビタブルスターは、地球と火星だけではなかったの？　そう思った方は鋭いですね。エンケラドスは、ハビタブルゾーンから大きく離れ、表面は氷で覆われている非常に寒い星です。実はその氷の下に、巨大な海があることがわかったのです。

そもそも、衛星とは惑星を回る天体のことです。たとえば、地球は惑星、月は衛星です。地球は衛星を1個しか持っていませんが、土星は149個（未確定分も含む）の衛星が報告されています。そのうち、エンケラドスは土星から2番目の軌道を回る小さな衛星です。

NASAが打ち上げた土星探査機「カッシーニ」が、エンケラドスの地表の裂け目から氷の粒や水蒸気が勢いよく噴き出す「プリューム（間欠泉）」を発見。分析の結果、プリュームは地下の海から噴き出しているのだと判明しました。

図4-3　エンケラドスの南極付近では氷の粒や水蒸気が噴出している
©NASA/JPL-Caltech/Space Science Institute

そこで、カッシーニはプリュームのなかを通過して、エンケラドスの海の成分を詳しく調べてみることにしました。すると、ナトリウム塩、二酸化炭素、アンモニアなどのガス成分、シリカ（二酸化ケイ素）、複雑な有機物も含まれていることが明らかになりました。ここまでに、生命誕生の3要素のうちの液体の水と有機物が揃ったことになります。

もう一つの要素であるエネルギーが存在していることの証拠を摑んだのは、実は日本の研究チームでした。彼らが注目したのは、プリュームとともに噴き出していたシリカです。ガラスや乾燥剤のシリカゲルの原料にもなっている身近な物質ですので、耳にしたことがある人も多いかもしれません。

日本の研究チームは、カッシーニの観測によって得られた情報などをもとに、エンケラドスの地下の海の環境を再現し、そこでシリカがつくられる条件を調べました。

その結果、エンケラドスの海底には温度が90℃以上に達する熱水を噴き出す、海底熱水噴出孔があることがわかったのです。言い換えると、熱エネルギーの存在が確認されたということです。ついに生命誕生の3要素が満たされました。

海底熱水噴出孔は地球においても、最初の生命が誕生した有力候補地となっているというお話をしました。こういうわけで、エンケラドスは生命体が存在する可能性が高いと注目されているのです。

さらに、エンケラドスでの生命発見に王手をかける出来事がありました。カッシーニによる観測により、DNAを作るのに重要な物質「リン」のもとになる「リン酸」が、地下水に大量に含まれていることがわかったのです。なんと、その量は地球の海の数万倍。これほど大量のリンがある場所が見つかったのは地球外では初めてです。研究者のあいだでも衝撃が走りました。もしかすると、今まさにエンケラドスで生命が誕生しようとしているところを、私たちは目撃している最中なのかもしれませんね。

地球外生命体探査から生命の起源へ

ところで、研究者たちはなぜ地球外生命体を探しているのでしょうか。

もちろん、夢とロマンだけでは研究とは言えませんし、研究費も得られません。世界中で地球外生命体の研究が盛んに行われているのは、やはり**地球外生命体やそれらが生きられる環境を知ることは、私たち自身を知ることに繋がっている**と考えられているからです。

生命が誕生する条件として、「液体の水、有機物、エネルギー」と紹介してきました。ただ、これはあくまで地球上での条件から考えたものです。たとえば、地球外の星Aで新たに生命が見つかったとしましょう。星Aは、私たちが知っている生命が生きる星の2例目になりますね。そのとき、この発見から得られた知見と、地球の生命とを比較して出てきた共通点や相違点を見ることで、生命が誕生する条件をまた新たに考え始めることができます。地球上の生命しか知らずに私たちが立てた生命誕生の3要素に、もしかすると新しい要素が加わったり、あるいは前提が覆されたりする可能性もあるのです。

つまり、地球外生命体の探査には、今までは気づいていなかった地球の特性や地球生命の起源を知る手がかりを見つけることへの期待が込められているのです。

そもそも、地球外生命体と言われて、どんな姿をイメージしてますか？　SF映画でもおなじみの灰色の肌と大きなつり目が特徴的な「グレイ・エイリアン」や大きな頭と細長い手足を持った「タコ型宇宙人」を思い浮かべる方が多いでしょう。

実際のところ最初に見つかるのは、私たち人間の姿に近いものではなく、微生物のような、生まれたばかりの地球にいたような生命ではないかと考えられています。たとえば、強い放射線や高温・極低温にも耐えられる「地上最強の生物」とも言われるクマムシみたいなものかもしれません。

実際に見つかっているわけではないので、妄想を膨らますのも自由です。こういうところに宇宙の面白さがあるのかなぁと思うことは多くて、生物学に詳しい友人と、こういう条件ならこういう形になりそうだよね、と観測で見えている宇宙の姿と実際の生物研究で見えている知見をすり合わせる議論は、何ものにも代え難い面白さがありました。

生態系の基礎になる環境も、地球と似ているかもしれないし、全く違うかもしれません。もし地球外生命体が、地球と同じような条件で見つかるのであれば、日光のエネルギーを利用して酸素を生み出したり、水を蓄えられたりする植物の存在も重要になってきます。地熱の影響を受ける場所以外にも、適した場所があるかもしれません。

たとえば、高い耐久力を持っているコケです。実際に行われた面白い実験があります。コケ植物の「シントリキア・カニネルウィス」は、砂漠や南極付近のような比較的厳しい環境にも生息していますが、このコケ植物を火星が再現された環境にさらす実験が行われました。

火星の表面は地球とは大きく異なる要素が多くあります。たとえば放射線。地球の地表は大気によって、宇宙からの放射線から守られています。しかし、大気が非常に薄い火星では地球より強い放射線が降り注ぐことになります。そして、皆さんのイメージ通り、海や川は失われ、乾燥しきっています。温度変化も大きいです。さすがのコケでも、そんな荒地には、生えているイメージが湧きません。

しかし実験の結果、コケ植物「シントリキア・カニネルウィス」はその環境で7日間は生存することができました。さらに、水を与えると、30日後には元どおりに元気を取り戻せることも判明しました。休眠と復活を繰り返せば、水を得られない時期があったとしても、長い期間存在することができたのです。

この結果からさまざまな未来への期待が湧いてきます。海底や温泉付近での生物誕生のきっかけは検討されているものの、その後どういう場所に生息するのかはまた別の話です。こういった厳しい環境に生息できるコケがあれば、水を蓄えたり光合成などで酸素などを与えてくれたりするので、生息場所を広げられそうです。

また、今後人類が宇宙進出していくとき、たとえば火星移住を検討したときに、貯水能力と酸素供給を担う植物としても期待できます。今はカラカラの火星ですが、人類が進出することで、緑に覆われた惑星になっているかもしれません。

コラム　AIは宇宙の謎を解き明かせるか?

太陽フレアは地球に生命をもたらすきっかけを作ったのではないかと指摘する研究が出てきています。地上実験で、初期の地球環境を模したガスなどの環境を作り出し、そこに太陽フレアで発生しうる放射線や陽子線を照射したとき、生命のもととなるアミノ酸やカルボン酸が生成されることが明らかになりました。

「はやぶさ2」やさまざまな研究によって、地球上の生命誕生のきっかけは地球外からもたらされた可能性も指摘されています。ただ、このアミノ酸やカルボル酸が生成されるという発見によって、生命の誕生のきっかけが太陽フレアだった可能性もでてきたのです。太陽フレアは生命誕生に重要な役割を果たした可能性があるというわけです。

ところで、2024年のノーベル物理学賞は、人工知能（AI）の発展に大きく寄与した「ニューラルネットワーク」を開発した功績に対して送られました。AIは天文学の分野でもどんどん応用されてきています。2024年5月と10月に北海道や東北でのオーロラ観測ができたタイミングで、太陽フレアに対する注目度もどんどん上がっています。

私の両親は、新婚旅行でカナダのイエローナイフにオーロラを見に行っています。実家の玄関にはイエローナイフのお土産の置物が飾ってあったので、私はオーロラを見たことがありませんが、子どもの頃からオーロラという現象をどこか身近に感じていました。

しかし、せっかくイエローナイフまで行っても、必ずオーロラが見られるとは限りません。天候や太陽活動によっては見えないこともあるので、父と母がオーロラを見られたのはラッキーなことでした。

当時は運任せだったオーロラの出現は、現在では予測できるようになりつつあります。運任せのオーロラハントの時代は終わりつつあるのです。ＡＩの発展により、オーロラを引き起こす太陽フレアの発生を予測できるようになってきました。

将来的には運任せではなく、条件の良い日を狙ってオーロラを見に行けるようになると思われます。ロマンチックな研究ですね。出現が予測されるようになってきて、オーロラのレア度は下がっているのに、それでも変わらずオーロラが綺麗だと感じられるのは面白いところです。

ＡＩによって、オーロラが出現しているかどうかをリアルタイムでチェックすることもできるようになりました。一つ例を紹介しましょう。ノルウェー北部のトロムソという都市での取り組みです。この取り組みでは、トロムソに設置した夜空全体を観測できる広い視野のデジタルカメラのデータを見て、ＡＩがオーロラ発生を即座に教えてくれるシステムが作られました。このＡＩモデルを作り上げるのに、10年分、553万枚のオーロラの写真データが利用されています。私はＡＩを事業に適用するデータサイエンティストという仕事をしているのでよくわかりますが、これだけのデータを使ってこのようなシステムを作り上げているのには脱帽です。

このＡＩによって、オーロラの発生率の長期的なトレンドも明らかになり、オーロラ観光に適したシーズンを知ることができるようになりました。このトレンドは、オーロラを科学などにも横展開できうる潜在力を持っていそうです。今後はただデータが蓄積されるだけでなく、他都市にも展開されていき、世界中で運任せでないオーロラハントが行えるようになることを密かに期待しています。

私は宇宙物理学の研究をして、そこから現在はデータサイエンティストとして仕事をしています。そもそもデータサイエンティストになったのは、運用に参加していたMAXIのデータからフレアを発見するためのＡＩシステムを構築していた経験が元になっています。今では両方とも専門分野となった宇宙とデータサイエンスがこうやって今もなお掛け合わされながら発展しているこの領域の研究にはワクワクします。2024年のノーベル物理学賞がＡＩに対するものだったことを考えると、今後もっとこういった研究が発展していくのではないかと期待しています。

加えて、生命を構成するタンパク質の構造をＡＩによって明らかにしていく研究手法も数多く展開されています。最終的に分野横断的にＡＩが活用された研究が融合していくことで、生命がどこから来たのか、という大きな課題が解決されることを祈っています。

第5章
すごい時空間

光は最強

ＳＦ映画やアニメでは、宇宙で轟音（ごうおん）を立てて爆発を起こすシーンがありますが、空気のない宇宙では音が伝わらず、実際は爆発音が聞こえることはありません。あの爆発音は、場面を盛り上げるための演出です。

この理由は簡単で、音を伝えるための媒質がないからです。音は波の性質を持っているので、その波を伝える何かが空間にないとそれが叶いません。宇宙には空気がありませんから、仕方ないですね。では、同じように波の性質を持っている光も伝わらないのでしょうか？

太陽の光や星空を見ることができていることからわかるように、光は波の性質を持っているものの、宇宙空間を伝わることが可能です。この違いは何なのだろうと思いませんか。研究者たちは試行錯誤を重ねていくうちに、光は音にはない決定的な特徴があることを発見しました。

かつての研究者たちは、音が空気を伝わって進むように、光は「エーテル」と名付けられた未知の物質に向かって進んでいると考えていました。たとえば、太陽の光が地球に届くのは、太陽と地球のあいだがエーテルで満たされているからだと考えていたのです。そこで、研究者たちはエーテルの存在を確かめる実験を行いましたが、結局確かめられず、もしかするとエーテルは存在していないのではないかという疑いが持たれました。

このエーテルの存在を完全に否定したのが、アインシュタインです。彼は、光の速度はいつでも、どこでも、誰から見ても変わらないと考えました。光とよく比べられる音は、気圧や温度など、周囲の環境によって伝わる速さが変化します。ヘリウムガスを吸い込んでしゃべると、声が普段よりも高くなりますよね。

これは、ヘリウムは空気よりも音を速く伝える性質を持っているから起きる現象です。このように、音速は周りの環境によって変化しますが、光は違うとアインシュタインは考えたのです。

特に世間を驚かせたのは、光の速度は〝誰から見ても〟変わらないということでした。つまり、光を止まっている場所から見ても、光を追いかけて進む宇宙船から見ても、光は同じ秒速約30万キロメートルで進むというのです。

自動車を思い浮かべてみてください。赤と青の2台の車があったとします。青い車は時速50キロメートルで、赤い車は時速60キロメートルで同時に同じ方向に向かって走り出す。止まっている場所から見れば、それぞれ時速50キロメートルと時速60キロメートルで進んでいるように見えますが、青い車からは赤い車は時速10キロメートルで先に進んでいくように見えます。反対に、赤い車からは青い車が時速10キロメートルで離れていくように見えています。

このように、物体が動く速さは、見ている人の動いている速さによって変わると考えられています。しかし、光は宇宙船のように速い乗り物で追いかけても、光の速度から宇宙船の速度は差し引かれることはなく、変わらない本来の速度で進んで行きます。

これは「**光速度不変の原理**」と呼ばれるものです。この光速度不変の原理は、アインシュタインが相対性理論を導き出すもとにもなりました。

光速に近づくと時間が遅れる

光は秒速約30万キロメートル、とんでもない速さで進みます。

こうした光の速度を身近に感じられるのは、やはり花火や雷でしょう。花火を少し離れた場所から見ていると、弾けてから「ドーン！」という音が超えるまでには数秒間かかります。雷も光ってから、音が鳴るまでには遅れがありますね。これは光のほうが音よりもずっと速く伝わるからです。

秒速約30万キロメートルの光に対して、音の速度は秒速約３４０メートルです。比べてみてわかる通り、光の速さは桁違いです。世界最速の戦闘機の飛行速度ですらマッハ３・３、つまり秒速約１０９２メートルで、光速には遠く及びません。私たちは、ものは光よりも遅い速度で動いたり、伝わったりするのが前提の世界で生きているのです。

そういうわけで、地球ではなかなか実感がしづらいのですが、光の速度に近づけば近づくほど、時間の流れは遅くなっていくと考えられています。この現象は、浦島太郎伝説になぞらえて「ウラシマ効果」とも呼ばれています。

時間の流れをめぐっては、こんな思考実験があります。一般的に「双子のパラドックス」と呼ばれるものです。ある双子がいるとします。双子の兄は、宇宙へ出かけ、弟は地球に残って兄の帰りを待つことにします。兄は、限りなく光速に近い速さのロケットに乗って、宇宙旅行へ出かけていきました。光速に近いスピードでの長期間の宇宙航行を終えて兄が再び地球に帰ってきたとき、2人を比べると、肉体的には兄のほうが若く、弟のほうが歳を取ることになるというのです。

ワープ航行のカギを握る謎の物質

映画『スター・ウォーズ』や『スター・トレック』をはじめ、多くのSF作品でおなじみの短時間で長距離を移動する技術「ワープ航行」にも、光の速度がかかわっています。SF作品中のワープ航行は、光の速度を超えて移動していますが、現実世界では、物体は光よりも速く移動することはできないと考えられています。ただ、本当にそれが難しいのか、難しい場合はどうしたら光の速度に限りなく近づくことができるのかについてはさまざまな研究が進められています。

ちょっとした思考実験をしてみましょう。光速に限りなく近づくと、どういう現象が起きるでしょうか。ある人が光速に近いスピードで移動する宇宙船に10年間乗って移動したとします。その人の移動の体感時間はもちろん10年です。ただ、時間と速さの関係を紹介したように、速くなればなるほど時間が短くなるため、外から見ると実際10年もかからずに到着しているように見えます。つまり、宇宙船の外にいる人からは、まるでワープが実現しているかのように見えるわけです。

こういった思考実験がエンタメに盛り込まれているのが、ＳＦ作品です。宇宙の研究に携わる人は、ＳＦ作品に影響を受けてそのキャリアを歩み出した人も多くいます。実際、日本でもアメリカでも、研究者たちとの雑談のなかにはさまざまな作品の名前が登場し、彼らのルーツもそこにあるという話をよく聞きます。なので、そこで実現されている技術を研究対象にする人たちもいます。

１９９４年に驚くべき理論が発表されました。彼らは、宇宙船が光よりも速く移動できる「ワープ航行」の可能性について考え、時空そのものを歪ませることで、宇宙船を目的地に瞬時に送り届けるというアイデアを提案したのです。提案者の名前を冠して「アルクビエール・ドライブ」と呼ばれています。このアイデアは、アインシュタインの相対性理論をもとに、直接的な超光速移動は不可能とされている宇宙物理学の常識を覆そうとするものでした。

彼らの理論では、「**エキゾチックマター**」という特殊な物質の存在が提案されています。

エキゾチックマターというのは、普通の物質とは違って、私たちのよく知っている重力のような力に逆らう性質を持っているとされています。たとえば、普通の物質は重力に引っ張られて地面に落ちますが、エキゾチックマターはそれとは反対の性質を持ち、重力を押し返す力を持つイメージです。

この力を利用して、宇宙船の周りの時空を縮めたり伸ばしたりすることで、宇宙船がとても速く移動できるとされています。言い換えると、宇宙船が動くのではなく、宇宙船の周りの「道」を曲げることで、光よりも速く目的地に到達できるという仕組みです。道自体を短くしてしまえば、「瞬間移動」であるかのように移動することできるという発想は、非常に興味深いです。

しかし、この理論には大きな課題があります。それは、エキゾチックマターの性質をもつものが、果たして存在するのかという点です。エキゾチックマターが存在しない限り、提案されているワープ航行を実現するのは難しいです。ただの空想に聞こえるかもしれませんが、**「これがあれば実現する」とした考え方も研究アプローチ**ではあります。

ダークマターやダークエネルギーも、それがないと現在の宇宙の運動を説明できないわけですが、まだ存在を解明するには至っていません。エキゾチックマターも、それがないと目の前の現象が説明できないとなれば、これからその注目度を上げてくる可能性は十分にあります。

現実的なワープ航行技術の提案

ワープ研究は提案されただけで終わらず、どんどん検討されています。アルクビエール・ドライブの発展系が提案された、面白い研究があります。あるかないかわからないが必要だと言われるエキゾチックマターを提唱した研究をベースにしたうえで、またエキゾチックマターを使わない方法を検討する研究も進み始めました。

2024年には、アメリカの研究者たちによって「ワープ・ファクトリー」という計算ツールが開発され、それを使って既知の物質だけで宇宙船を光速に限りなく近い「亜光速」状態で移動させることが理論的に可能であると示されました。

このツールは、宇宙船を加速させるために必要なエネルギーや物質の配置をシミュレーションし、どのような条件が揃えばワープ航行が実現できるかを計算することが可能で

図5-1　劉慈欣『三体』
立原透耶監修、大森望、光吉さくら、ワン・チャイ訳、ハヤカワ文庫

す。これにより、従来の「ワープ航行にはエキゾチックマターが必要」という考え方以外の視点にも、注目が集まっています。

さらに、２０２４年の別の研究では、アルクビエール・ドライブが作動するときに「重力波」が発生する可能性があることが指摘されました。重力波とは、第2章で触れたように、非常に大きな質量の物体が加速するときに時空の波として伝わる現象で、これまでブラックホールの合体や超新星爆発などで確認されています。この新たな研究によると、ワープ航行中に宇宙船が周囲の時空を歪めることで、重力波が発生し、それが遠く離れた地点まで届く可能性があるのです。これにより、ワープ航行の影響が宇宙空間にどのように波及するか、さらに詳しい研究が必要となっています。

この研究が出たとき、私は個人的に非常にワクワクしたことを覚えています。それは、中国発のＳＦ小説『三体』のシリーズ後半で、ここで紹介したようなワープ航行方法だけでなく、そのとき発生する重力波にまで言及されていたからです。作品のネタバレになるのは避けたいのでこのくらいで止めておきますが、SF小説のアイデアやネタ集収能力には感服します。

この重力波の発生は、ワープ航行の理論をより深く理解するために重要な存在になりうるものですが、その一方で、新たな課題も出てきます。重力波が発生すると、ワープ航行中の宇宙船やその周囲に、さまざまな影響を与える可能性があります。

たとえば天体観測です。近年は地上からの観測的な研究が人工衛星群に阻害されている懸念が頻繁に指摘されています。数千～一万基の衛星を組み合わせた衛星コンステレーションサービスには、天体観測の視野に干渉してくることや、そこから発せられる電波による通信への影響などの指摘が多く寄せられています。ワープ航行が実現したときの重力波の発生は、今後進展していくであろう重力波天文学の発展を阻害するようなノイズを生み出す可能性があるということです。そのような影響をどのようにコントロールするかが、今後の研究の重要なテーマの一つにもなってきそうです。

ロケットによる新たな高速移動

ところで、地球上でもワープに近い速度で移動するロケットや航空機の研究が行われています。その一つは、ロケットに乗り、宇宙空間を経由することで地上の二地点を高速で移動する「**高速二地点間輸送**（P2P）」と呼ばれる技術です。

通常は8時間半かかるニューヨーク―パリ間も、7時間かかる東京―シンガポール間も約30分で移動できると考えられ、期待を集めています。実際、機体の開発構想を打ち出す企業や、将来的な高速二地点間輸送ロケットの受け入れに向けて検討を始める空港も出てきており、ワープ航行よりも現実的な移動手段となりそうです。

ただ、技術が開発されたからといって、即実用化されるわけではありません。過去に同じように高速移動に対して対価を支払うだろうと見込まれて進んだ交通手段がありました。

かつてイギリスとフランスが共同で開発した超音速旅客機「コンコルド」は、ニューヨーク―パリ間を3時間半で移動できる、夢のような乗り物でした。１９７6年に華々しく商業運航がスタートしたものの、２００3年を最後に運航は終了しました。

その背景にはさまざまな要因がありますが、一つは機体の騒音です。音速を超えたときに発生する「ソニックブーム」の轟音が地上にも響き、騒音問題が発生したため、上空の飛行を禁止する国が出てきました。加えて、航空券が非常に高額だったこともありました。コンコルドに乗るくらいなら、ファーストクラスでゆったりと過ごしながら目的地に向かったほうがいいというわけです。

ですから、今回のロケットによる高速二地点間輸送はどのような点を考慮すれば上手くいくのか、航空券の価格帯はどのくらいになるのか、誰が買うのか、懸念は山積みです。しかし、宇宙に行くために開発されたロケットが、地上の移動手段となる未来はワクワクします。

ロケット利用は、実は今後の月面探査でも期待されています。特に月面での移動や物資の運搬での利用が検討されていて、月探査や月面基地建設において重要な要素です。月には地球のような大気がなく、重力も地球の6分の1程度しかないため、空気抵抗はなく、移動には燃料効率やエネルギー供給が重要なポイントとなります。

NASAなどは現在、太陽エネルギーを活用した天体探査車やその自動制御技術の開発を進めており、これらは探査機や宇宙飛行士、物資を効率的に移動させることを目指しています。ただ、それだけでは地形によるコース選択や、それに伴った所要時間の長さの懸念があります。そこで月面では、少ない燃料で広い範囲を移動できるため、小型のロケットを利用して基地間の物資を運搬する構想も検討されています。月面では離陸に一定の燃料が必要ですが、その後の移動は地球よりもはるかに効率的です。

月面を開拓した後の「ムーン・トゥ・マーズ（月から火星へ）」計画において、月面の物資輸送は持続可能な探査を支える重要な要素であり、現地で水や燃料を採取して利用する技術も研究が進められています。こうした技術が発展すれば、月面探査がより長期間にわたり、効率的に行われることが期待されています。

宇宙では時間の進み方が違う？

さて、ここで時間の話に戻りましょう。アインシュタインが考え出した相対性理論をもう少し詳しく見てみましょう。

相対性理論には二つの種類があります。一つは特殊相対性理論と呼ばれ、１９０５年に発表されました。この理論は、重力がない状況で、特に光の速さに近づくと何が起こるかを説明しています。この理論のなかで重要なポイントの一つは、ものが光速に近い速さで動くと、時間の流れが遅くなるということです。この現象を「ウラシマ効果」と呼ぶという話をしました。宇宙船で光の速さに近いスピードで宇宙を旅すると、宇宙船のなかの時間は地球に比べてゆっくり進みます。このアイデアは、SF映画やワープ航行の理論に使われています。

もう一つ、10年後の1915年にアインシュタインは一般相対性理論を発表しました。この理論は、重力の影響も考えたもので、重力が時間や空間にどう影響するかを説明しています。一般相対性理論のなかで特に面白いのは、重力が強い場所では時間の流れが遅くなるということです。たとえば、地球の表面よりも、重力がもっと強いブラックホールの近くでは、時間の進み方が大幅に遅くなります。この現象は、宇宙のなかでも重要な役割を果たしていて、私たちが見る光の曲がり方や、重力によって引き寄せられる天体の動きにかかわっているのです。

相対性理論で説明されている時間の流れが遅くなる二つの状況を整理すると、一つ目は**「光の速さに近づくとき」**、二つ目は**「重力が強い場所にいるとき」**です。この二つの状況では、時間は私たちが普段感じるよりもゆっくり進むことになります。

たとえば、重力が光を曲げるという現象は「重力レンズ効果」と呼ばれています。この効果は、重力が強い天体、第3章で紹介した「チェシャ猫銀河団」のような巨大な銀河が、遠くの星からの光を曲げて、まるでレンズを通したように見せる現象の一例です。また、ブラックホールも一般相対性理論が説明する大きな存在です。ブラックホールは、非常に強い重力を持っていて、その重力によって時間が歪み、物質や光さえも逃げ出せないほど強力です。

こうした理論は、私たちが理解している宇宙の仕組みを根本的に変え、SFの世界だけでなく、実際の科学技術の進歩にも大きく影響を与えています。未来の宇宙探査では、これらの理論がもっと活用され、宇宙に対する理解がさらに深まることでしょう。

時間がゆっくり流れたことが証明された

宇宙の時間に関して、興味深い研究があります。6年間かけて約3億キロメートル離れた小惑星「リュウグウ」の砂を地球に持ち帰った探査機「はやぶさ2」に積まれていた時計は、どう動いていたのか、研究者によって検証が行われました。

目的地となった小惑星の名前は、浦島太郎伝説の「竜宮城」に由来しているため、ウラシマ効果が起きていたら面白いですよね。しかし予想に反して計算の結果は、地球よりも0・4554秒速く進み、〝逆ウラシマ効果〟が起きていたことがわかったのです。

その理由は大きく二つだと言われています。一つは飛行速度です。はやぶさ2の飛行速度は段階によって異なりますが、地球よりもゆっくりだったことで、逆に時計を早く進めることになったとされています。もう一つは重力の解放です。一般相対性理論において、「重力が強い場所では時間の流れが遅くなる」ことが示されたと述べました。このことから、地球から離れことで地球の重力から解放されていくことになります。重力がかかると時間がゆっくりになるという現象の逆が発生することとなり、時間の流れが速くなったというわけです。この二つの要因によって、時計は早く進んだと考えられています。

時間がずれるというのは、こういった宇宙レベルでの移動でしか確認できないのでしょうか？　決してそんなことはありません。実際に地上でも計測されたケースがあります。東京大学と理化学研究所の研究者は、東京スカイツリーの地上階と展望台に、ある特殊な時計を置き、時間の進み方の違いを調べました。

重力の大きさは重力を与える物体から離れれば離れるほど小さくなります。つまり理論的には、地球上でも高いところと低いところで重力が変わりうるということです。よって、高層階よりも地上に近いほうが重力の影響を受けるため、時間の流れが遅くなり、時間のズレが生じるはずだと考えられます。

この仮説に基づいた時間のズレを計ったのは、300億年使っても1秒も狂わないと言われる非常に高精度の時計「光格子時計（ひかりこうしとけい）」でした。この光格子時計は、レーザーで作った光の格子の中に、ストロンチウムという種類の原子を閉じ込めて、それが吸収する光を測定することで、正確な時間を計る仕組みです。

実験の結果、展望台では1日で4・26ナノ秒速く時計が進みました。聞き慣れない単位ですが、「ナノ秒」とは10億分の1秒を表します。気が遠くなってしまうほど、ごく小さなズレですから、生活には支障はなさそうです。アインシュタインの相対性理論を身近に感じられる、不思議な実験でした。

そもそも宇宙はどう始まったのか

宇宙がどのように始まったのか、考えたことがありますか？

宇宙は「ビッグバン」という大きな出来事で始まったと考えられています。ビッグバンとは、約138億年前に起きた、宇宙を生み出した巨大な爆発のような現象のことです。ビッグバンは、私たちが今いる宇宙全体の始まりを説明するための理論であり、そのおかげで、私たちが見上げる空に広がる銀河や星々がどうやってできたのかを知ることができます。

ビッグバンが起こる前、宇宙は今のように広がった状態ではありませんでした。すべての物質やエネルギーは、非常に小さな「火の玉」のなかにギュウギュウに詰まっていたのです。この火の玉はとても高温で、ものすごいエネルギーを持っていました。これをわかりやすく例えるなら、満員電車のなかのようなものです。人がたくさん詰め込まれると暑く感じますよね？　それと同じで、この火の玉も、小さな空間にエネルギーがギュウギュウに詰まっていたため、ものすごく熱くなっていたのです。

そして、あるときこの火の玉が「ドーン！」と膨張し始めました。これがビッグバンです。この爆発によって、火の玉のなかに閉じ込められていた物質やエネルギーが四方八方に飛び出し、宇宙が広がり始めました。ビッグバンが起きた瞬間、宇宙のすべてがそこから生まれ、現在に至るまで広がり続けているのです。

たとえば、私たちが住む太陽系や、天の川銀河にある無数の星々も、ビッグバンによって生まれました。この火の玉のなかに閉じ込められていたすべての物質が、ビッグバン後に少しずつ冷えて固まり、星や惑星、そして銀河を形作っていったのです。つまり、**今私たちが存在しているのは、138億年前に起こったこの大爆発のおかげ**だということです。

興味深いことに、宇宙は今もなお広がり続けています。ビッグバンで生まれたエネルギーの勢いが、宇宙の膨張を続けさせているのです。これは、科学者たちが望遠鏡で遠くの銀河を観測した際、銀河同士が互いに遠ざかっていることから確認されました。この現象は、ビッグバンによって宇宙が始まったことを示す大きな証拠の一つとなっています。

では、ビッグバンが起こる前に何があったのか？　これは、今でも科学者たちにとって大きな謎です。宇宙の始まりについては、まだわからないことがたくさんあります。なぜ火の玉ができたのか、どうしてそれが爆発して広がり始めたのか、これらの問いに対する答えはまだ見つかっていません。しかし、科学者たちはこれからも宇宙の起源について研究を続けていくでしょう。

ビッグバン理論は、私たちの存在や宇宙の始まりを理解するための力ギとなる重要な理論です。宇宙の広がりや、私たちの太陽系がどのように形成されたのかを説明するだけでなく、未来の宇宙探査にも繋がる大きなヒントを与えてくれるのです。

ビッグバンの証拠は偶然見つかった

宇宙がどのように始まったのかを解明するために、科学者たちは長年にわたり多くの研究を行ってきました。しかし、宇宙の始まりがビッグバンであるという証拠が見つかったのは、偶然による発見でした。この発見のカギを握るのが「**宇宙マイクロ波背景放射**」です。これは、ビッグバンの決定的な証拠となるものです。ここでは、どのようにしてこの証拠が見つかり、いかに重要だったのかを解説しましょう。

ビッグバンは約138億年前に起きたとされていますが、その証拠を私たちが直接目にすることはできません。私たちが住む太陽系や銀河が誕生したのは、ビッグバンが起きてから長い年月が経過した後です。それでは、科学者たちはどうやってビッグバンが本当に

図5-2　宇宙マイクロ波背景放射の全天観測結果

起きたことを証明したのでしょうか？　その答えが、宇宙の至るところからやってくる宇宙マイクロ波背景放射という微弱な光にあります。

ビッグバンが起こった直後、宇宙は非常に高温の火の玉のような状態でした。しかし、時間が経つにつれて宇宙は膨張し、次第に冷えていきました。ビッグバンが起こった約38万年後、宇宙の温度は約3000℃ほどに下がり、この時期に「光」が放たれました。この光が、現在、宇宙マイクロ波背景放射として知られているものです。宇宙が膨張し続けているため、この光も次第に冷え込み、今ではマイナス270℃（絶対温度で約2・7K）という非常に低い温度の放射となっています。

科学者たちは、もしビッグバンが本当に起きていたならば、そのときに放たれた光、すなわち宇宙マイクロ波背景放射が今でも宇宙のどこかに残っているはずだと考えていました。興味深いのは、この光は特定の場所からではなく、宇宙のあらゆる方向からほぼ均一に観測できるという点です。このような性質から、宇宙の背景全体を照らす「残り火」のようなものだと理解されるようになりました。

宇宙マイクロ波背景放射が実際に発見されたのは、1964年のことです。この発見をしたのは、アーノ・ペンジアスとロバート・W・ウィルソンという2人のアメリカ人科学者です。しかし、彼らは実はビッグバンの証拠を探していたわけではありません。彼らは新しいアンテナの試験を行っている最中に、奇妙なノイズを受信していることに気づきました。どんなにアンテナを調整しても、このノイズは消えず、非常に困惑しました。

このノイズは、どこからともなくやってくるようで、全く原因がわかりませんでした。最初は、アンテナの調整ミスや周囲の環境が原因だと考えられましたが、それでも解決せず、次第にこのノイズが実は宇宙からやってくるものであることに気づき始めました。「ノイズ」を詳細に調べた結果、ペンジアスとウィルソンは、これがまさにビッグバンの名残である、宇宙マイクロ波背景放射であることを発見したのです。この発見により、彼らは1978年にノーベル物理学賞を受賞しました。

この発見は、ビッグバン理論を証明する上で決定的な役割を果たしました。偶然の発見だったものの、宇宙の起源を解き明かす重要な手がかりとなったのです。**宇宙マイクロ波背景放射は、今でも特別な望遠鏡を使うことで観測でき、私たちが現在知っている宇宙の始まりの姿を映し出しています。**ビッグバンが起こった時期の宇宙を直接見ることはできませんが、この微弱な光の観測を通じて、その証拠をしっかりと確認できるのです。

こうして、宇宙がビッグバンから始まったという考えは、ペンジアスとウィルソンの発見によって強く裏付けられました。科学者たちは今後も、宇宙の起源についてさらに詳しく研究を続け、ビッグバン前の謎や、それがどのように私たちの現在の宇宙へと進化したのかを明らかにしようとしています。このように、偶然の発見が歴史的な大発見となり、私たちの宇宙への理解を大きく進めることになったのです。

膨張する宇宙はゴム風船に似ている

宇宙が膨張していると聞いても、なかなか実感が湧かないかもしれません。そこで、宇

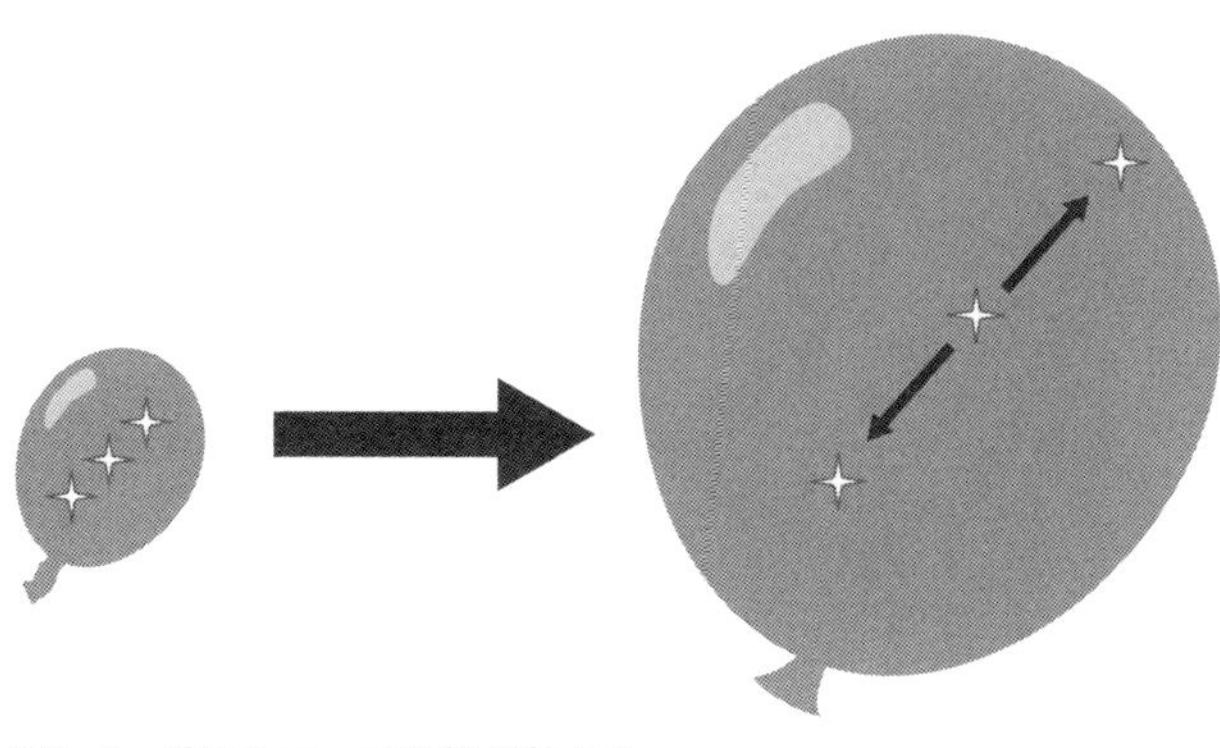

図5-3　膨張によって距離が離れる

宙の膨張を身近なゴム風船で例えてみましょう。

まず、風船に黒いマジックペンでいくつかの点を描くところから始めましょう。これらの点を「銀河」だと思ってください。この銀河を、私たちが住んでいる「天の川銀河」と名付けておきましょう。

風船に空気を入れて膨らませます。すると風船の表面に描かれた点同士の距離もどんどん広がっていきます。これが宇宙の膨張と似た動きです。つまり、宇宙全体が膨らむように広がっているため、銀河同士の距離が離れていくのです。これは、宇宙が生まれてから今まで、膨張し続けているということを表しています。

風船と宇宙のもう一つの共通点は、風船に「中心」や「端」がないことです。風船の表面にはどこにも特別な中心はなく、どの点も同じように広がっていきます。宇宙も同じように、どこか特定の場所が「宇宙の中心」というわけではありません。どの方向を見ても、宇宙が均等に広がっていることがわかります。私たちが住む地球から見ると、宇宙がどの方向にも138億光年もの広がりを持っていることが研究で確認されています。

では、どうやって宇宙が膨張していることがわかったのでしょうか？　その答えは、光の性質にあります。光には、近づいていると波が縮んで〝青みがかる〟性質があり、逆に遠ざかると波が伸びて〝赤みがかる〟という性質があります。この現象は、光だけでなく音でも確認できます。たとえば、救急車が近づくとサイレンが高く聞こえますが、通り過ぎて遠ざかると音が低くなります。この現象を「ドップラー効果」と呼びます。

余談ですが、物理学を研究している人でこれまでに2人、ドップラー効果を本当の意味で使いこなしている強者（つわもの）に会ったことがあります。彼らは物理学だけでなく、幼少期から音楽にも触れてきていて、絶対音感を持っています。つまり、音の周波数を聞いて当てられるわけです。そして頭のなかでドップラー効果の計算式を暗算できます。そうすると、通り過ぎた救急車などのサイレンを聞くと、何キロで近づいてきて通り過ぎていったかがわかるんです。生活のなかでドップラー効果を使うことができるのは、もしかしたらこういうときしかないかもしれません。

話を戻しましょう。銀河から地球に届く光も同じように、銀河が地球から遠ざかっていると赤みがかった光として観測されます。この「赤方偏移」と呼ばれる現象によって、宇宙が膨張していることが証明されました。この発見は1929年にアメリカの天文学者エドウィン・ハッブルによってなされ、彼は遠くの銀河ほど速いスピードで遠ざかっていることを観測しました。

風船が大きく膨らむにつれて、吹き込む息によって表面の銀河がどんどん遠く離れていくのと同じように、宇宙も膨張が進むにつれて、遠い銀河ほど速く離れていくのです。これは、宇宙の膨張スピードが時間とともに増していることを示しています。実際、**私たちの宇宙はただ膨張しているだけでなく、加速しながら膨張している**のです。

では、なぜ宇宙は加速的に膨張しているのか。この謎は解明されておらず、科学者たちはさまざまな仮説を立てて、その解明に取り組んでいます。現在最も有力な仮説の一つは、第3章で紹介した「ダークエネルギー」と呼ばれる未知のエネルギーが、宇宙の膨張を加速させているというもの。ダークエネルギーは、宇宙全体の約70％を占めていると考えられていますが、まだその正体ははっきりしていません。しかし、ダークエネルギーが存在することで、重力の影響だけでは説明できない宇宙の加速膨張が理解できるとされています。

天文学者を魅了する宇宙の果て

宇宙の果てにある銀河を見ることは、まるでタイムカプセルを覗いているかのような体験です。遠くの銀河を観測することで、私たちは過去の宇宙の姿を見ています。というのも、星の光は宇宙空間を長い間旅して私たちの目に届くからです。この現象が、天文学者たちが遠い銀河に魅了される理由の一つです。

「光年」という単位は、光が1年間に進む距離を指します。光は非常に速く進みますが、それでも宇宙の広大さに比べると、私たちの地球に光が届くまでに何万年、何億年もかかることがあります。たとえば、10万光年先にある星から届く光は、10万年前に放たれたものです。その光を観測することで、私たちは10万年前の宇宙の姿を知ることができるのです。

そのため、天文学者たちは遠くの銀河を観測することで、宇宙の誕生直後の姿を理解しようとしています。遠くにある銀河を観測すればするほど、私たちは宇宙の過去、特にビッグバン直後の姿を垣間見ることができます。実際、ジェイムズ・ウェッブ宇宙望遠鏡を使って、約134億光年先にある2つの銀河が発見されました。この銀河から届く光は、宇宙が誕生してわずか4億年後のものです。つまり、この光を観測することで、私たちは宇宙がまだ非常に若かった頃の様子を見ていることになります。

この発見はとても重要です。これまで、宇宙が誕生してからわずか数億年後の段階で確認された銀河は3つしかありませんでしたが、ジェイムズ・ウェッブ宇宙望遠鏡によってさらに2つの銀河が発見されたのです。銀河は星が作られる場所であり、初期の宇宙にこれほど多くの銀河が存在していたことは、宇宙が非常に活発な状態にあったことを示しています。

宇宙の果てにある銀河を観測することは、宇宙の進化の歴史を解明する手助けになります。宇宙は時間とともに変化しており、遠くにある銀河を見ることは、宇宙がどのように変化してきたのかを理解するためのカギなのです。私たちのように100年ほどの寿命しか持たない人間が、何十億年もの宇宙の歴史を研究しているということを考えると、宇宙の壮大さに圧倒されると同時に、自分たちの小ささを感じる瞬間でもあります。

興味深いのは、遠くの天体を観測することで宇宙の壮大さを感じる一方で、私たちが生きている短いあいだに観測できる現象もあるということです。たとえば、太陽の活動は11年周期で変化しています。太陽の活動が盛んな時期には、太陽フレアと呼ばれる爆発現象が起こり、地球に影響を与えることもあります。このように、宇宙の一部は私たちの生活のなかでも変化し続けているのです。

私たちの人生は宇宙の歴史と比べればほんの一瞬ですが、その一瞬のあいだに宇宙の壮大な物語を少しでも解き明かせるというのは、なんとも不思議で面白いことです。宇宙の果てにある銀河を観測することで、私たちは宇宙の過去を見つめ、その進化の過程を知ることができます。これからも新しい発見が続くことでしょう。そして、その発見の一つひとつが、私たちが住む宇宙の謎を少しずつ明らかにしていくのです。

コラム　アインシュタインの急所――天才物理学者は何を誤解していたのか

アインシュタインの「一度も失敗をしたことがない人は、何も新しいことに挑戦したことがない人である」という言葉は、その自己啓発的な響きから一般によく知られています。しかし、アインシュタインほどの天才でも、ご多分に漏れず失敗をした経験がありました。

彼の最大の失敗は、宇宙は膨張も収縮もせず、止まっていると予想したことです。宇宙は有限なのか、それとも無限なのか。アインシュタインは宇宙がどんな振る舞いをしているのかを疑問に思い、考えを巡らせていました。そしてたどり着いたのが、静止した宇宙の姿です。彼は数学的な美しい「不変の宇宙」に魅せられ、広がりは有限であると固く信じていました。

ただ、宇宙は静止していると考えると、当時の観測データとつじつまが合いません。天体は重力によってお互いを引き寄せ合い、やがて宇宙は崩壊してしまいます。そこで、アインシュタインは、重力と上手くつり合うように、のちに「宇宙定数」と呼ばれる力を表す項を一般相対性理論の方程式に無理やり加えてしまったのです。

　ハッブルらが宇宙は膨張していることを発見したのは1929年のことです。その後、アインシュタインは、宇宙定数は必要ないことを認める論文を発表しました。相対性理論の方程式に宇宙定数を入れてしまったことを、人生最大の失敗であると自ら回顧したと言われています。

　アインシュタインは、重力波の存在を100年前に予想しました。彼の頭のなかでは、宇宙の姿が具体的に描かれていたはずです。それでも、宇宙の膨張だけは予想できませんでした（あるいは、予想したくなかったのかもしれません）。

　なお、宇宙定数は、宇宙がスピードを増しながら膨張していることを説明する際に、重力を打ち消す力として用いられ、アインシュタインが亡くなった後に再び評価されるようになりました。アインシュタインが生きていたら、どう思ったでしょうか。彼にとってはある種皮肉な出来事かもしれませんが、やはりアインシュタインは天才だったのだと思わされます。

特別対談　ありえない病気ではない？——ＡＬＳと宇宙

皆さんはＡＬＳという病気をご存じですか？

ＡＬＳとは、日本語では筋萎縮性側索硬化症という病気です。手足・のど・舌の筋肉や呼吸に必要な筋肉がだんだん力を失っていく病気で、難病の一つに指定されています。

ＡＬＳについては、「車椅子の天才物理学者」と言われたスティーブン・ホーキング博士が患った病気として、ご存じの方もいるのではないでしょうか。私がＡＬＳについて初めて詳しく知ったのは、漫画『宇宙兄弟』がきっかけでした。作品では、父親をＡＬＳで亡くした宇宙飛行士・医師の伊東せりかが国際宇宙ステーションでの医学実験に取り組み、原因タンパク質の結晶化に成功しています。

私が宇宙への興味を持ったきっかけ自体が『宇宙兄弟』だったので、病気の概要は知ってはいましたが、どこか他人事という感じがしていました。しかし、2023年に祖母がALSを疾患したことで、決して他人事だとは思えなくなったのです。Podcastを通して、『宇宙兄弟』の制作を行う株式会社コルクの方々とは仲良くさせていただいていまして、祖母の疾患を受けて相談をしていました。

作品から派生して、「せりか基金」というキャラクターの名前を冠したALS研究の支援基金の活動もコルクでは行っており、その繋がりから詳しい先生方や支援体制についていろいろと教えていただきました。私のなかでの病気への解像度が一気に上がったことで、病気に向き合うことができ、本当に感謝しています。

ALSのポイントは、その発症にかかわる「TDP-43」というタンパク質です。このたび、「クライオ電子顕微鏡」という技術を駆使して構造解析を実際に成功させた、東京都医学総合研究所脳・神経科学研究分野分野長の長谷川成人先生にALSについてお話を伺う機会をいただきました。

＊

佐々木　本日はよろしくお願いします。早速ですが、『宇宙兄弟』のなかでALSが取り扱われていることはご存じでしたか?

長谷川　はい。『宇宙兄弟』でALSの一番感動的な場面が出てくるストーリーが発表されたのが2015年のようです。私が2016年ぐらいに生理学研究所かどこかでALSとTDP-43の話をしたときに、学生さんから「先生、『宇宙兄弟』って知ってますか?」と聞かれました。「先生もしかして監修されたんですか?」って言われたんですけど(笑)決してそういうことではなくて、たまたまその話を聞いて、私も本を読んで、なかなか面白い話だなと思って感動したという経緯です。

佐々木　そうでしたか。『宇宙兄弟』と長谷川先生が行った実験とは、偶然にも時期が近かったということですね。そもそも、結晶化させるというアプローチはなぜ重要なのでしょうか?

長谷川　タンパク質を結晶化させることで、タンパク質の構造や機能を特定することができるからです。結晶化によって、原因となる病気の解明や治療薬の足がかりを探ることができます。ただ、神経難病などで溜まる異常なタンパク質は、はっきりした構造をとらないタンパク質が多いんです。結晶化させようとしても結晶化できない、あるいは結晶化の構造を解いても、もともと揺らぎのある構造であるために、病気の原因はよくわかりませんでした。

しかし、神経変性疾患や認知症では、タンパク質が異常な形状に折りたたまれて、脳細胞のなかに溜まってくることがわかってきた。そこが不思議なところで、そのタンパク質を私たちは解析しているというわけです。

佐々木 そもそも、ALSとはどのような病気なのでしょうか？

長谷川 教科書的には、「上位および下位の運動神経の細胞が徐々に変性し、その結果、筋肉がどんどん萎縮していく病気」というふうに言われます。

実は、遺伝学的アプローチから「SOD1」という原因タンパク質が30年くらい前にわかっていました。ただ、その研究でわかったSOD1は、約1割に満たない遺伝性のALSの原因ではありましたが、その他の遺伝性ではないALSの原因ではなかった。

では遺伝性ではないALSの原因は何なのか、ということを探っていくと、変性していく神経細胞のなかに、異常なタンパク質の凝集体ができていることがだんだんわかってきました。私たちは亡くなられた患者さんの脳の詳細な生化学解析や質量分析などを行い、それが「TDP－43」というタンパク質であるということを2006年に報告しました。

佐々木　溜まっていたタンパク質の特定に成功した、ということですね。

長谷川　そうです。その後、TDP－43にも遺伝子の異常があればALSを発症するということが判明しました。TDP－43が溜まることによって、神経細胞が変性し、ALSが発症したというわけです。その後、ALSの原因タンパク質がどのように溜まってくるのかを突き止めようとして、溜まったものを非常に丁寧に分析したことで、最終的には構造の解析に至ったということになります。

当初はALSと同じような、原因不明の認知症に関係するタンパク質を見つけようと実験をしていたんです。アルツハイマー病やパーキンソン病、その他さまざまな変性性の認知症や神経難病などにおいて、アルツハイマー病では「タウ」というタンパク質が、あるいはパーキンソン病では「αシヌクレイン」というタンパク質が溜まってきます。

私たちはそうしたタンパク質をずっと研究していたんですが、それ以外のよくわからないタンパク質が溜まってくる前頭側頭葉変性症という認知症などの原因不明のタンパク質を探っている過程で、TDP-43が検出されたという経緯です。

つまり、もともと研究していたのは認知症の原因タンパク質だったのですが、結果としてALSの原因タンパク質にたどり着いたというわけです。私たちは基本的に亡くなった患者さんの脳を研究することが一番大事だと思っています。遺伝子ももちろん大事なのですが、亡くなった患者さんの脳を分析しないと、さまざまな症状や病気が進行する原因はわからないと思っています。そこには間違いのない事実があるはずなので、患者さんの脳をとにかくしっかり分析していくという手法を取っているんです。その結果、TDP-43というタンパク質が判明し、正常のタンパク質とどのように異なるかということがわかってきました。

佐々木　どうしてタンパク質が溜まってしまうんでしょうか？　結晶化して溜まっていくということでしょうか？

長谷川　おっしゃる通り、結晶化に似たような現象が起こっているというふうに考えています。結晶化するときは、最初にタンパク質同士が規則正しく並んだ小さい核のようなものができます。そこに同じ形の分子がくっついて、大きな結晶へと成長していくようです。一方、病気の患者さんの脳内では、正常のタンパク質が何らかの原因——これが何かはわからないのですが——で変形し、そこに正常のタンパク質が形を変えながらどんどんくっついていく。核が最初に形成されてその後の反応は早く進むという点は似ていますが、異常な形状で折りたたまれた構造が増えていく点は大きく違います。

ある意味、プリオン病（伝達性海綿状脳症）の原因タンパク質である異常プリオンが増幅される機序と同じような現象です。つまり最初にできた異常な形の凝集核に、正常のタンパク質がくっつくと同じ異常型に変換され、どんどん増えていくということです。

佐々木　具体的なイメージができました。夏休みの自由研究などで行うミョウバンの結晶化のようなものですかね。元のきっかけが何かしらの形となり、その周りにどんどんくっついていって、一つの塊を形成していく。

長谷川　ある意味、似ている現象だと思います。結晶化は正常なタンパク質が規則正しく並ぶのに対し、患者さんの脳では正常な形が異常な形に変換されながら、どんどん伸びていって、繊維状タンパク質になっていくっていうところがポイントだと思います。同じ構造の異常なタンパク質が規則正しく並んで繊維状に連なっていたので、その構造が解けたということになります。

アルツハイマー病の原因タンパク質といわれている「アミロイドβ」というものがありますが、3、4年前に宇宙の微小重力環境で繊維化したことで、アミロイド線維ができたという話をニュースで知りました。そういう意味では『宇宙兄弟』のように宇宙に物質を持っていき、タンパク質のメカニズムを研究するという動きはまだあるようです。しかし、その結果は結局、地上の実験とは少し異なるアミロイド線維ができたという結果だったようですね。

ただ、一番大事なのは、人の脳内にどのような構造のタンパク質が溜まってくるのか、ということです。試験管のなかで作ったさまざまな構造を解析したところで、それは結局、人工の産物でしかないわけです。条件が違えば異なる構造になるということは確かに貴重な情報ですが、患者さんの脳のなかにできた構造そのものを分析する研究がやはり一番重要だと思っていて、それを基にして、試験管モデルや動物モデルを構築していくことが必要だと思っています。

佐々木　なるほど。では、宇宙での実験と地上で実験との違いを考えるとすれば、重力などが交絡因子になる可能性があるということでしょうか。とすれば、よく外力のかからない状態で――つまり宇宙で研究をするということが、メリットであるような捉えられ方をしますが、実際『宇宙兄弟』のなかで登場人物のせりかが行っていたような実験を宇宙ですることには、発展の余地はあるのでしょうか?

長谷川　正直に言うと、結晶化して構造を解析するということ自体、だんだんその意義が低下しており、私たちが使ったクライオ電子顕微鏡を使う手法がメジャーになりつつあるような気がします。というのも、クライオ電子顕微鏡解析では結晶化をする必要がないからです。

佐々木　どういうことでしょうか?

長谷川　つまり、生体内にあるタンパク質やその集合体を取り出して氷に埋め込み、数千枚の写真を撮影して、それを画像解析プログラムで三次元再構築することで原子レベルの立体構造が出てくるんです。私たちが使った方法はそういう方法なんです。このクライオ電子顕微鏡による構造解析の手法は2017年にノーベル化学賞を受賞し、その後もさらに精度が良くなってきて、構造解析の主流になりつつあります。

もちろん電子顕微鏡と結晶化の実験両方のメリットがあるので、どちらかがすぐになくなるということはないと思いますが、クライオ電子顕微鏡のほうが勢いがあります。

佐々木　長谷川先生が実際に研究されていた成果と、『宇宙兄弟』のなかでせりかが行っていた実験の、相違点と共通点はどのようなところでしょうか?

長谷川　難しい質問ですね。相違点はまず、対象と手法が違うということです。正常なTDP-43を結晶化するというのが『宇宙兄弟』での実験ですが、私たちは亡くなった患者さんの脳から異常なTDP-43を精製して、電子顕微鏡で分析するという実験でした。

実際の電子顕微鏡解析はイギリスのMRC Laboratory of Molecular Biologyで行ってもらっていますが、そこはタンパク質構造解析の聖地みたいなところで、ノーベル賞学者を何人も出しています。クライオ電子顕微鏡の研究でもノーベル賞が出た研究機関ですね。

クライオ電子顕微鏡で解析をする際の一番重要なポイントは、試料の良し悪しだと言われています。本当に良い試料であれば、たくさんの良い写真が撮れますので、それをコンピュータープログラムに解析させる。均質なタンパク質の良い写真が撮れれば、それでほぼ成功です。つまり、写真を綺麗に撮るというところが重要なポイントになるわけで、私たちはそういった撮影を可能にするために、脳から目的のタンパク質を、形を保ったまま取り出そうとさまざま条件検討を行いました。それが成功に繋がったと思います。

佐々木　ありがとうございます。冒頭でも少しお聞きしましたが、『宇宙兄弟』のALSのシーンを知ったとき、率直にどのように感じられましたか?

長谷川　専門家の見方をすると、まずTDP-43という言葉が出てきたこと自体、斬新でしたね。2006年にTDP-43は発見されていますが、2015年当時に、しかも漫画でそのワードが出てくるというのは驚きました。SOD1が出てくるのであればわかるんですけど。孤発性ALSの一番大事なタンパク質であるTDP-43が出てくるのは本当によく調べているなあと思いました。

反対に、専門家目線で言うと、当時同じような実験に取り組んでいる研究者は一定数いたとは思いますが、それがどれだけ大事なのかという疑問もありました。正常なタンパク質の構造を解いても、異常になるメカニズムや治療薬が必ずしもわからないかもしれない。どのように形を変えるのかということがわかっていかないと、診断や治療には繋がらないだろうなと思っていました。

佐々木　なるほど。実際に検体で見えているものと結晶化されたものとのあいだに空隙がある。その繋がりは実際の研究ではどの程度進んでいるのでしょうか？

長谷川　全然わからないですね。正常なタンパク質と異常なタンパク質は形状が違うんです。なぜそのような構造になるかというところがわかればいいんですが。今私たちは治療薬候補の研究をしているのですが、異常型の構造に結合して、凝集を止めるものを探しているところです。

佐々木　ではその先に、ＡＬＳが治る病気になるという未来がある。

長谷川　そう思っています。最近では新しい遺伝子治療薬が開発されてきていますし、治る可能性は高くなってきていると思います。私たちもその治療薬を開発するつもりで日夜やっていますから。

佐々木　本日は貴重なお話をありがとうございました。

＊

今回の対談で、ALSと同じ神経変性疾患であるアルツハイマー病のアミロイドβの宇宙実験が行われたという話を聞き、『宇宙兄弟』と同じように、宇宙実験への期待を持つことができました。現代においては、宇宙空間での実験のハードルが高く、実現のハードルは非常に高いです。というのも、国際宇宙ステーションでしか実験を行えず、競争が激しすぎるためです。

しかし現在、民間の宇宙ステーション構築のために動いている宇宙企業がいくつもできているため、いくつもの宇宙ステーションが配置されている未来がくるのはほとんど確実だと思います。それらの宇宙ステーションにはさまざまな用途があるなかで、これまで国際宇宙ステーションが持っていた科学実験機能に特化したものも構築されるでしょう。

そうした技術が商業用に展開されると、一定の予算とタイミングさえ合えば実現できることになるので、宇宙実験のハードルはどんどん下がっていくことが予想されます。現時点では難病と呼ばれている治療が難しい病気に関して、治療のカギが発見される可能性に期待したいと思います。特にALSの治療方法が見えてくることを切に願います。

あとがき

幼少期から遡って、今こうして宇宙に関する書籍を執筆しているというのは予想もできませんでした。宇宙少年でもなく、高校生のときは偏差値36だった私が、こうやって本を書くことができているのは、研究にすべての時間を捧げたうえで天文学者になりきれなかった挫折のおかげだと思います。

大学院生時代、宇宙の研究にのめり込んで、すべての時間を使っていました。なんでそこまで熱中できたのかを振り返ると、学校の成績は決してよくなかった私が、頭のいい人ばかりの研究の世界でも泥臭くやり続ければ、成果を上げていけるという実感を持てたからだと思います。成果を上げればいいという、わかりやすくて素敵な世界でした。

思い返せば勉強ができると思えるタイミングなんて、ほとんどありませんでした。小学生の頃は九九が全く覚えられなかったし、漢字テストは半分取れたかなという記憶。小学校の同級生に会ったときに、大学に行ったと伝えると驚かれるレベルです。実際、中学生の頃のテスト期間は「遊んでもいい期間」だと思っていました。高校生のときはもっとひどくて、大学受験を意識して2年生の終盤に勉強しようと思ってしばらくぶりにノートを取り出したら、1年生の夏前を最後に、ほとんどが止まっていました。確かに思い返しても（今考えたら本当に失礼ですが）授業中はゲームをして、漫画を読んで、寝ていたという記憶しかありません。そんなだから、模試で偏差値36というスコアを平気で出せてしまうんです。大学受験モードに入った頃、どうにか巻き返そうと必死だった記憶があります。

そんななかで大学に進学して、4年生で研究室を決めるとき、宇宙物理学を選びました。本書の対談でも書きましたが、漫画『宇宙兄弟』が大好きだったので、「やるなら宇宙だろ！　未来っぽいし、かっこいいじゃん！」とピュアに思ったことが選択の理由です。そこから研究室に入ってからは、やることすべてが面白くて、わかっていたけど宇宙はやっぱり大きくて、どんどん引き込まれていきました。

特に、本文にも何度も登場した国際宇宙ステーション搭載の全天X線監視装置MAXI

の運用チームのメンバーとしての経験は、本当に刺激的なものばかりでした。日本を代表するプロジェクトの一つのなかで、X線天文学を牽引されてきた先輩研究者たちのなかで、常に論理性と分析の正確性を求められる、自分にとってはとても厳しい環境にいたことで、正直ここまで変わるかと今でも思うほど成長できたと思います。本当に感謝しかありません。

日々MAXIの運用をトップレベルの研究者たちと進めていると、MAXIの分析テクニックと装置への理解度がどんどん上がっていきました。手を動かせば成果を出せる環境だったので、泥臭く誰よりも時間を使って、誰よりも手を動かしました。研究の世界に残る人たちは日本トップレベルの大学の人ばかりで、自分がほかの人たちに比べて優秀ではないことをわかっていたからです。そのおかげで国内外の学会に頻繁に参加することができましたし、世界中の研究者たちと連携する経験もできました。NASAのvisiting researcherとして渡航したのも、そんな環境に恵まれていたからです。

研究生活のなかで特に印象に残っているのは、やはり論文制作の難しさです。運用チームとして出すということは、そのチームの代表として論文を出すことになります。なので、下手なものは出せません。書いた論文を見せては修正され、なぜそこに気づけないのかというミスもあり、また回覧しても甘いところがあり、無限にも感じる時間のなかで一つの論文を磨き込んでいきました。一つの論文を何年もかけて仕上げるのが、やっとな実力でした。

結局、大学や研究所で研究者を続けられるかを考えたとき、ひたすら論文制作に向き合い続けることを、ずっと続けることができないと思い、天文学者を本職にすることは諦めました。だからこそ、今もその世界で戦い続けている同期や、先輩研究者は本当にすごいと思います。僕のPodcastの配信も、彼らの日々の努力の積み重ねがなければ成り立たないので、頭が上がりません。

だけど本気で向き合ってきた宇宙の神秘とそれを知る面白さからは、どうも逃れることもできず、気づけば4年以上毎日宇宙の話をするPodcastチャンネルを一人でやり続けてしまっています。おかげさまで多くの人に聴いてもらえるようになり、最近では仕事で会った人が毎日聴いてくださっていたり、友達や家族が聴いていると周囲から言われたりする機会も増えてきました。続けてきて本当によかったと思います。

そしてこうやって本を書く機会にも巡り合え、手に取っていただいたあなたに私が面白いと思う宇宙の話を伝えることができました。天文学者という立場ではなくても、宇宙に向き合える場があって本当によかったです。この本は私の初めての単著です。これからも音声だけでなく、本でも宇宙の面白さ、そして「やっぱり宇宙はすごい」と伝えていければと思っています。

本書ではテーマの一つとして指定難病のＡＬＳを取り上げました。この病気は根本的な治療法が確立されていません。このテーマを取り上げた理由は、私の祖母がこの病気を患ったことがきっかけです。治療法を確立するべくさまざまな専門家たちが日々研究を進めてくださっています。その一助になれればと思い、本書の売上の一部をＡＬＳ研究の助成を行う「せりか基金」に寄付いたします。本書を通じて、少しでもＡＬＳという病気への理解が広まれば嬉しく思います。

最後に、本書を書くにあたって支えていただいた方々に感謝を伝えさせてください。子どもが生まれて時間がないなかで、執筆とPodcastの毎日更新を応援してくれた妻、執筆期間に癒やしてくれた息子と愛犬のアリー。

本のテーマの一つとしてALSを取り上げたいと伝えた時に誰かの役に立つならなんでも好きに書いていいよと言ってくれた祖母。

『宇宙兄弟』という作品を通じて、宇宙への興味のきっかけと情熱を常に与えてくれて、今回ALSに関する対談を実現するためのご助力いただきました、株式会社コルクの黒川久里子さん、仲山優姫さん。

『チ。―地球の運動について―』という作品を通じて、自然科学に向き合う素敵さを再認識させていただき、本書への推薦コメントをいただきました、作者の魚豊さん。

Podcastの内容とインタビューをもとに原稿のベースを作成してくださった井上榛香さん。記述内容を学術的な目線でレビューいただいた島袋隼士さん。

そして毎日宇宙の話をするマニアックなPodcastを聞いてくれている「宇宙ばなし」リスナーの皆さん。

本当にありがとうございます。これからも泥臭く不器用にチャレンジしていって、たまにそれが上手くいくかもしれないし、上手くいかないかもしれません。そんな取り組みも含めてPodcast「佐々木亮の宇宙ばなし」で日々話していこうと思います。

これから加速していく宇宙開発のなかで、誰かの役に立つかもしれない話をしながら、Podcastで日本1位を必ず取ります。興味を持ってもらえたらまずは1話、聞いてみてください。左のQRコードから聞くことができます。この本を読んだときよりももっと「やっぱり宇宙はすごい」と感じて、日々宇宙を感じられる世界に引きずりこみます。

佐々木 亮

2024年10月24日

Apple Podcast 版

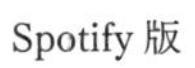
Spotify 版

YouTube 版

1404. 火星に生命の証拠発見!?NASAが発見した痕跡がワクワクする

第5章

1020. バズ・ライトイヤーの映画から見る相対性理論【ママが自分を取り戻すラジオ】【ディズニー】
1191. 世界一可愛いビッグバンに関する質問に答える
1330. 宇宙ができて3億年で星の工場は生まれていた!? ジェームズウェッブやっぱすごい
1336. 宇宙をワープで移動する方法の中で現実的なものが提案される

『宇宙兄弟』エピソード

1079.【宇宙兄弟コラボ①】若田宇宙飛行士に支えられる宇宙兄弟と宇宙ばなし
1080.【宇宙兄弟コラボ②】宇宙飛行士のミッションから紐解く宇宙兄弟
1081.【宇宙兄弟コラボ③】現実とリンク?最終回に向けてどう宇宙兄弟を楽しむか

『チ。ー地球の運動についてー』エピソード

1452.【チ。】天動説から地動説へ。コペルニクスの主張と惑星の語源【アニメ化】
1453.【チ。】ガリレオは地動説を支持してキリスト教に終身刑に処される【アニメ化】
1454.【チ。】地動説を推進したケプラーの3つの法則【アニメ化】
1455.【チ。】日本に地動説が届いたのは1800年!? 海を越える自然科学

本書のもとになった主なPodcast放送回

第1章

1314. 太陽フレアのSpaceX破壊と大停電がすぐそこに？
1317. 黒点ってなに？世界中にオーロラを起こした地球30個分の大きさの太陽黒点
1462. 日本中で発生しているオーロラの原因の太陽フレアを大解説
1458. 太陽フレアってどうやって起きる？輪ゴムでわかるその全貌

第2章

584. 【解説】ブラックホールの撮影に成功！天の川銀河の中心にいるモンスターの姿
1125. 【未解決】どこまで大きいブラックホールがある？【科学系ポッドキャストの日】
1181. 100億年の宇宙旅行【ブラックホール】【天の川】
1485. ブラックホールの写真撮影成功の研究、実は間違えている!?【国立天文台】

第3章

707. 宇宙が元素をつくる工場ってどういうこと？をちゃんと説明する回
754. ハイブリットカーの材料は重力波の渦のナカ
1228. ダークマターをすばる望遠鏡で広範囲で観測成功!?【BUMP OF CHICKEN】
1407. これまでの常識が通用しない!? 謎の進化を遂げた星

第4章

1246. 宇宙人の文明を10年後に見つける方法をNASAが発表【金曜ボイスログ】
1261. 地球外の惑星に生命がいる証拠となるバイオシグネチャー、大事なのは一酸化炭素？【三体】【Netflix】
1268. 地球外生命体が存在できる環境下を本気で探しに行こう【エウロパクリッパー】【三体】

perseverance-rover/nasas-perseverance-rover-scientists-find-intriguing-mars-rock/)
NASA, NASA Shares Two New Moon to Mars Architecture White Papers (https://www.nasa.gov/humans-in-space/nasa-shares-two-new-moon-to-mars-architecture-white-papers/)
NASA, NextSTEP-2 R: Lunar Logistics and Mobility Studies (https://www.nasa.gov/general/nextstep-r-lunar-logistics-and-mobility-studies/)
NASA, What is a Solar Flare? (https://science.nasa.gov/science-research/heliophysics/space- weather/solar-flares/what-is-a-solar-flare/)
宇宙天気予報「太陽面で大規模な爆発が発生、地球方向への高速コロナガスの噴出を確認」(https://swc.nict.go.jp/report/topics/202410091600.html)
小田稔「X線天文学の誕生とその発展」(https://www.jps.or.jp/books/50thkinen/50th_08/002.html)
国立天文台(NAOJI)「重力波天体が放つ光を初観測:日本の望遠鏡群が捉えた重元素の誕生の現場 —重力波を追いかけた天文学者たちは宝物を見つけた—」(https://www.nao.ac.jp/news/science/2017/20171016-j-gem.html)
国立天文台(NAOJI)「M87銀河の中心の電波観測データを独立に再解析」(https://www.nao.ac.jp/news/science/2022/20220630-m87.html)
国立天文台(NAOJI)「2024年5月に連続発生したXフレア」(https://www.nao.ac.jp/news/topics/2024/20240517-solar.html)
日本天文学会「天文学辞典」(https://astro-dic.jp/)
日本農業新聞「太陽フレアの影響? 国内で自動操舵にずれも」(https://www.agrinews.co.jp/news/index/233682)

Yoshikawa, Kohji et al., Cosmological Vlasov–Poisson Simulations of Structure Formation with Relic Neutrinos: Nonlinear Clustering and the Neutrino Mass, *The Astrophysical Journal*, Volume 904, Number 2, 159, 2020.

日本語文献

岩橋清美、片岡龍峰『オーロラの日本史――古典籍・古文書にみる記録』平凡社、2019年。

ウェッブ、スティーヴン『広い宇宙に地球人しか見当たらない50の理由――フェルミのパラドックス』松浦俊輔訳、青土社、2004年。

日下部展彦著、田村元秀監修『新説 宇宙生命学』カンゼン、2021年。

笹原和俊『フェイクニュースを科学する――拡散するデマ、陰謀論、プロパガンダのしくみ』化学同人、2021年。

菅原佳城「将来の宇宙ロボットへとつながるトランスフォーマー宇宙機」『ISAS ニュース』第490号、2-4頁、2022年。

田村元秀『教養としての宇宙生命学――アストロバイオロジー最前線』PHP 研究所、2022年。

坪井陽子「全天 X 線監視装置 MAXI で捉えた恒星からの超巨大 X 線フレア」『天文月報』112巻10号、712-716頁、2019年。

中沢陽「企画展「新潟の赤いオーロラ」を開催して」『天文月報』第116巻1号、21-26頁、2023年。

バトゥーシャク、マーシャ『膨張宇宙の発見――ハッブルの影に消えた天文学者たち』長沢工、永山淳子訳、地人書館、2011年。

三好真「2020年ノーベル物理学、我々の天の川銀河の中心にある超大質量コンパクト天体の発見」『天文月報』114巻2号、129-138頁、2021年。

三好真、加藤成晃、牧野淳一郎「M87ブラックホールの「リング」像は本物か？―― EHT 公開観測データの独立解析の結果」国立天文台談話会、当日発表資料、2022年。

劉慈欣『三体』大森望、光吉さくら、ワン・チャイ訳、立原透耶監修、ハヤカワ文庫、2024年。

URL（最終閲覧 2024年10月24日）

NASA, NASA's Perseverance Rover Scientists Find Intriguing Mars Rock（https://www.nasa.gov/missions/mars-2020-perseverance/

Spectroscopy of the R-process-enhanced Metal-poor Star HD 222925, *The Astrophysical Journal Supplement Series,* Volume 260, Number 2, 27, 2022.

Roy Pierre-Alexis et al., Water Absorption in the Transmission Spectrum of the Water World Candidate GJ 9827 d, *The Astrophysical Journal Letters,* Volume 954, Number 2, L52, 2023.

Sasaki, Ryo et al., The RS CVn-type star GT Mus Shows Most Energetic X-ray Flares Throughout the 2010s. *The Astrophysical Journal,* Volume 910, Number 1, 25, 2021.

Suzuki, Hiromasa et al., Global Deceleration and Inward Movements of X-Ray Knots and Rims of RCW 103, *The Astrophysical Journal,* Volume 958, Number 1, 30, 2023.

Tajitsu, Akito et al., Explosive lithium production in the classical nova V339 Del (Nova Delphini 2013), *Nature,* Volume 518, pp. 381-384, 2015.

Tanimura, Hideki. et al., X-ray emission from cosmic web filaments in SRG/eROSITA data, *Astronomy & Astrophysics,* Volume 667, A161, 2022.

The Event Horizon Telescope Collaboration et al., First M87 Event Horizon Telescope Results. I. The Shadow of the Supermassive Black Hole, *The Astrophysical Journal Letters,* Volume 875, Number 1, L1, 2019.

Tsuboi, Yohko et al., Large X-ray flares on stars detected with MAXI/GSC: A universal correlation between the duration of a flare and its X-ray luminosity, *Publications of the Astronomical Society of Japan,* Volume 68, Issue 5, 90, 2016.

Tsujimoto, Takuji. et al., Enrichment history of r-process elements shaped by a merger of neutron star pairs, *Astronomy & Astrophysics,* Volume 565, L5, 2014.

Urata, Yuji et al., Simultaneous Radio and Optical Polarimetry of GRB 191221B Afterglow, *Nature Astronomy,* Volume 7, pp. 80-87, 2023.

Wanatabe, Yasuto and Ozaki, Kazumi, Relative Abundances of CO2, CO, and CH4 in Atmospheres of Earth-like Lifeless Planets, *The Astrophysical Journal,* Volume 961, Number 1, 1, 2024.

Mars leading to a potential formation of bio-important molecules, *Scientific Reports*, Volume 14, 2397, 2024.

Lim, Olivia et al., Atmospheric Reconnaissance of TRAPPIST-1 b with JWST/NIRISS: Evidence for Strong Stellar Contamination in the Transmission Spectra, *The Astrophysical Journal Letters*, Volume 955, Number 1, L22, 2023.

Lin, Dacheng et al., Multiwavelength Follow-up of the Hyperluminous Intermediate-mass Black Hole Candidate 3XMM J215022.4 − 055108, *The Astrophysical Journal Letters*, Volume 892, Number 2, L25, 2020.

Littlefield, Colin et al., Short-cadence K2 observations of an accretion-state transition in the polar Tau 4, *American Astronomical Society*, pp. 1-15, 2020.

Lu, Ru-Sen et al., A ring-like accretion structure in M87 connecting its black hole and jet, *Nature*, Volume 616, pp. 686-690, 2023.

Maehara, Hiroyuki et al., Superflares on solar-type stars, *Nature*, Volume 485, pp. 478-481, 2012.

Miyoshi, Makoto et al., The Jet and Resolved Features of the Central Supermassive Black Hole of M87 Observed with the Event Horizon Telescope (EHT), *The Astrophysical Journal*, Volume 933, Number 1, 36, 2022.

Namekata, Kosuke et al., Probable detection of an eruptive filament from a superflare on a solar-type star, *Nature Astronomy*, Volume 6, pp. 241-248, 2022.

Nanjo, Sota et al., An automated auroral detection system using deep learning: real-time operation in Tromsø, Norway, *Scientific Reports*, Volume 12, 8038, 2022.

Nishiyama, Shogo et al., Origin of an orbiting star around the galactic supermassive black hole, *Proceedings of the Japan Academy, Series B*, Volume 100, Issue 1, pp. 86-99, 2024.

Postberg, Frank et al., Detection of phosphates originating from Enceladus's ocean, *Nature*, Volume 618, pp. 489-493, 2023.

Roederer, Ian U. et al., The R-process Alliance: A Nearly Complete R-process Abundance Template Derived from Ultraviolet

Hayakawa, Hisashi et al., The Earliest Candidates of Auroral Observations in Assyrian Astrological Reports: Insight on Solar Activity around 660 BCE, *The Astrophysical Journal Letters,* Volume 884, Number 1, L18, 2019.

Helmerich, Christopher et al., Analyzing warp drive spacetimes with Warp Factory, *Classical and Quantum Gravity,* Volume 41, Number 9, 9, 2024.

Holmbeck, Erika M. et al., HD 222925: A New Opportunity to Explore the Astrophysical and Nuclear Conditions of r-process Sites, *The Astrophysical Journal,* Volume 951, Number 1, 30, 2023.

Hosokawa, Keisuke et al., Exceptionally gigantic aurora in the polar cap on a day when the solar wind almost disappeared, *Science Advances,* Volume 10, Number 25, pp. 1-9, 2024.

Hsu, Hsiang-Wen et al., Ongoing hydrothermal activities within Enceladus, *Nature,* Volume 519, pp. 207-210, 2015.

Hubble, Edwin, A relation between distance and radial velocity among extra-galactic nebulae, *Contributions from the Mount Wilson Observatory,* Volume 3, pp. 23-28, 1929.

HyeongHan, Kim et al., Weak-lensing detection of intracluster filaments in the Coma cluster, *Nature Astronomy,* Volume 8, pp. 377-383, 2024.

Inoue, Kaiki Taro et al., ALMA Measurement of 10 kpc Scale Lensing-power Spectra toward the Lensed Quasar MG J0414+0534, *The Astrophysical Journal,* Volume 954, Number 2, 197, 2023.

Inoue, Shun et al., Detection of a High-velocity Prominence Eruption Leading to a CME Associated with a Superflare on the RS CVn-type Star V1355 Orionis, *The Astrophysical Journal,* Volume 948, Number 9, 9, 2023.

Jaiswal, Bhavesh, Specular Reflections from Artificial Surfaces as Technosignature, *Astrobiology,* Volume 23, Number 3, pp. 1-4, 2023.

Kataoka, Ryūhō, Clustering Occurrence Patterns in “Red Sign” Auroral Events throughout Japanese History, *Studies in Japanese Literature and Culture,* Volume 6, pp. 119-143, 2023.

Koyama, Shungo et al., Atmospheric formaldehyde production on early

参考文献

外国語文献

Adamo, Angela et al., Bound star clusters observed in a lensed galaxy 460 Myr after the Big Bang, *Nature,* Volume 632, pp. 513-516, 2024.

Carniani, Stefano et al., Spectroscopic confirmation of two luminous galaxies at a redshift of 14, *Nature,* Volume 633, pp. 318-322, 2024.

Cinto, Tiago et al., Solar Flares Forecasting Using Time Series and Extreme Gradient Boosting Ensembles, *Solar Physics,* Volume 295, Number 93, 2020.

Couto, Guilherme S. et al., Powerful ionized gas outflows in the interacting radio galaxy 4C +29.30, *Monthly Notices of the Royal Astronomical Society,* Volume 497, Number 4, pp. 5103-5117, 2020.

Domoto, Nanae et. al., Lanthanide Features in Near-infrared Spectra of Kilonovae, *The Astrophysical Journal,* Volume 939, Number 1, 8, 2022.

Fernandes, Sunil et al., Multiwavelength Analysis of the Variability of the Blazar 3C 273, *Monthly Notices of the Royal Astronomical Society,* Volume 497, Number 2, pp. 2066-2077, 2020.

Fuchs, Jared et al., Constant Velocity Physical Warp Drive Solution, *Classical and Quantum Gravity,* Volume 41, Number 9, 13, 2024.

Green, James et al., Call for a framework for reporting evidence for life beyond Earth, *Nature,* Volume 598, pp. 575-579, 2021.

Hand, Eric, The exoplanet next door, *Nature,* Volume 490, p. 323, 2012.

Harikane, Yuichi et al., A JWST/NIRSpec First Census of Broad-line AGNs at z = 4–7: Detection of 10 Faint AGNs with M_{BH}~10^6–10^8M⊙ and Their Host Galaxy Properties, *The Astrophysical Journal,* Volume 959, Number 1, 39, 2023.

Harikane, Yuichi et al., Pure Spectroscopic Constraints on UV Luminosity Functions and Cosmic Star Formation History from 25 Galaxies at zspec = 8.61–13.20 Confirmed with JWST/NIRSpec, *The Astrophysical Journal,* Volume 960, Number 1, 56, 2023.

著者略歴

佐々木 亮（ささき・りょう）

1994年、神奈川県生まれ。理学博士。専門は、宇宙物理学。理化学研究所、アメリカ航空宇宙局（NASA）の研究員を経て、現在、株式会社ディー・エヌ・エー Senior Data Scientist、中央大学共同研究員、同大学非常勤講師など。Podcast「佐々木亮の宇宙ばなし」を毎日配信している。旬の宇宙トピックスを親しみやすく解説する内容で注目を集め、Apple Podcast科学カテゴリーランキング日本1位を達成。第3回Japan Podcast Awards、UJA科学広報賞2024大賞受賞。著書に『超入門 はじめてのAI・データサイエンス』（共著、培風館）がある。

SB新書　682

やっぱり宇宙はすごい

2025年1月15日　初版第1刷発行

著　　者　佐々木 亮

発 行 者　出井貴完

発 行 所　SBクリエイティブ株式会社

〒105-0001　東京都港区虎ノ門2-2-1

装　　丁　杉山健太郎

D T P
本文デザイン
図版作成　株式会社キャップス

編集協力　井上榛香

取材協力　長谷川成人

校正・校閲　有限会社あかえんぴつ

印刷・製本　中央精版印刷株式会社

本書をお読みになったご意見・ご感想を下記URL、
または左記QRコードよりお寄せください。
https://isbn2.sbcr.jp/28123/

ISBN　978-4-8156-2812-3